大数据技术与应用研究

孙媛　李博　章帆◎著

燕山大学出版社

·秦皇岛·

图书在版编目（CIP）数据

大数据技术与应用研究 / 孙媛, 李博, 章帆著.

秦皇岛 : 燕山大学出版社, 2024. 12. --ISBN 978-7
-5761-0703-6

Ⅰ. TP274

中国国家版本馆 CIP 数据核字第 2024L4Y915 号

大数据技术与应用研究
DASHUJU JISHU YU YINGYONG YANJIU

孙　媛 李　博 章　帆 著

出 版 人：陈　玉

责任编辑：孙志强

责任印制：吴　波　　　　　　　　　封面设计：郜娇建

出版发行：燕山大学出版社　　　　　电　　话：0335-8387555

地　　址：河北省秦皇岛市河北大街西段 438 号　　邮政编码：066004

印　　刷：涿州市殷润文化传播有限公司　　经　　销：全国新华书店

开　　本：710 mm×1000 mm　　1/16　　印　　张：11

版　　次：2024 年 12 月第 1 版　　　　印　　次：2024 年 12 月第 1 次印刷

书　　号：ISBN 978-7-5761-0703-6　　字　　数：185 千字

定　　价：50.00 元

前　言
Preface

　　随着信息技术的迅猛发展，大数据已经成为当今时代的热词和关键词，它以其独特的魅力和巨大的潜力，引领着一场深刻的社会变革。在这个背景下，对大数据技术的研究与应用显得尤为重要，《大数据技术与应用研究》应运而生。本书旨在全面系统地介绍大数据的基本概念、特点、技术、应用及其在各行业中的价值，以期为读者提供一个深入了解大数据技术的窗口，为大数据的实践应用提供指导和借鉴。

　　本书以绪论开篇，简要介绍了大数据技术与应用的研究背景与意义、国内外研究现状、研究方法、研究思路与内容。接着，在第二章中，我们对大数据的概念与特点进行了详细的阐述，使读者对大数据有一个清晰的认识；同时，我们还介绍了大数据的生命周期，以及大数据与云计算、人工智能和物联网等前沿技术的关系，为读者构建了一个完整的大数据知识体系。在第三章中，我们深入探讨了大数据时代，包括大数据时代的概念、特征以及数据思维等方面。通过对这些内容的阐述，我们希望读者能够更好地把握大数据时代的脉搏，培养数据驱动的思维方式。在第四章中，我们详细阐述了大数据应用的流程和价值，包括业务流程、业务价值、不同行业的业务价值以及共性需求等方面。这些内容有助于读者了解大数据在实际应用中的操作方法和价值体现。在第五章中，我们则重点介绍了大数据应用的基本策略，包括商业应用架构、前期准备、分析过程、数据仓库的协同应用以及战略与运营创新等方面。这些策略性的内容将为读者在实际应用中提供有益的指导和建议。第六章至第九章，分别探讨了大数据在教育教学、城市交通、商业变革以及其他行业中的应用。这些章节不仅展示了大数据技术在各个领域中的广泛应用，也揭示了大数据对社会发展的深刻影响。通过对这些案例的分析和探讨，读者可以更加直观地感受到大数据技术的魅力和价值。我们相信，随着技术的不断进步和应用场景的不断拓展，大数据将在未来发挥更加重要的作用，推动社会的持续发展和进步。

本书在编写过程中，力求内容全面、条理清晰、语言简洁，以便读者能够轻松阅读和理解。同时，我们也注重理论与实践的结合，通过大量的案例分析和实际操作经验，使读者能够更好地掌握大数据技术的应用方法。

本书由大连财经学院孙媛、西北政法大学李博、上海城建职业学院章帆共同撰写。在本书撰写过程中，笔者收集并阅读了国内外大量优秀学者的著作和论文，并参考了其中部分内容，在此向他们表达最诚挚的谢意。

大数据技术是一个不断发展的领域，新的技术和应用不断涌现，因此，本书虽然力求全面系统地介绍大数据技术与应用，但难免存在疏漏和不足之处。我们真诚地希望读者在阅读过程中能够提出宝贵的意见和建议，以便我们不断完善和提高。

2022 年度辽宁省教育厅基本科研项目 面上项目 大数据背景下辽宁省智慧养老发展路径探究（LJKMR20221958）

目 录
Contents

第一章 ↘ 绪论

一、研究背景与意义

1. 研究背景

当今社会，科技进步日新月异，我们身处一个高速发展的时代，同时也迎来了一个数据爆炸的时代。在这个时代，信息如同洪流般涌动，每时每刻都在产生着海量数据。这些数据的集合，我们称之为大数据。大数据不仅数量庞大，而且种类繁多，蕴含着巨大的价值。它正在改变我们的生活方式、商业模式和社会治理模式，引领着新一轮的科技革命和产业变革。因此，我们需要更好地理解和利用大数据，挖掘其潜在价值，推动社会进步和发展。

由于互联网和信息技术的快速发展，从大量数据中获取有用信息成为人们的迫切需求，在此背景下，大数据越来越受到社会各领域的重视，已经引发自互联网、云计算之后信息技术（Information Technology，IT）行业的又一大颠覆性的技术革命。在信息的汹涌浪潮中，多元化数据层出不穷，为个人、企业乃至国家的发展开辟了广阔天地，同时也带来了前所未有的挑战，犹如 IT 产业中一颗璀璨的明珠，充满无限潜能。"大数据"这一词汇，正是用以描绘和诠释信息爆炸时代所诞生的庞大数据集群，以及推动其发展的技术革新与进步。人与人之间的交流互动、位置定位，企业内部错综复杂的经营数据以及互联网上浩如烟海的商品物流信息等数据，其数量之庞大已远超当前企业 IT 架构和基础设施的承载能力，同时，对于数据的实时处理需求也远非现有计算能力所能满足。

如今，大数据已在全球得到广泛应用，包括教育、交通、金融、医疗、警务等在内的各行各业都已经融入了大数据生态圈当中。大数据的广泛应用不仅悄然改变了人们的生活方式和思维习惯，更引发了一场深刻的思想风暴。它以前所未有的速度颠覆了人们探索世界的方式，同时也对工业、商业、医学、军事等领域产生了深远的影响，引领我们进入一个全新的时代。

2. 研究意义

大数据技术及其应用的研究意义深远且广泛，它不仅推动着社会、经济、科技的进步，更改变着人类的生活方式和思维模式。

首先，从社会经济发展的角度来看，大数据技术具有巨大的推动作用。在信息化和数字化的浪潮下，数据已成为一种新型的资源，蕴含着巨大的经济价值。通过对大数据的收集、整理和分析，我们可以揭示出隐藏在数据中的规律和趋势，为决策者提供科学依据。在金融领域，通过对用户的消费习惯和行为进行分析，银行、保险等金融机构可以更加精准地了解客户需求，提供个性化的金融产品和服务，从而提升客户满意度和市场竞争力。在医疗领域，通过对医疗数据的深度挖掘，可以发现疾病的发病规律和相关因素，为疾病的预防和治疗提供更为科学的方法和策略。此外，大数据技术还在交通、教育、农业等多个领域发挥着重要作用，推动着社会的全面进步。

其次，大数据技术有助于挖掘潜在商机和创新机会。在市场竞争日益激烈的今天，企业要想脱颖而出，就必须不断创新，寻找新的增长点。大数据中蕴含着大量的用户需求和潜在的商业机会，通过对大数据的分析和挖掘，企业可以发现用户的潜在需求和偏好，从而开发出更符合市场需求的产品和服务。同时，大数据还可以帮助企业发现市场中的空白领域和不足之处，为企业的战略规划和决策提供有力支持。

再次，大数据技术对于社会治理和公共服务也具有重要意义。政府可以通过大数据分析来发现社会问题的根源，制定更精准的政策和措施。在城市管理方面，政府可以利用大数据技术分析交通流量、人口迁徙等信息，优化城市规划、交通布局和公共资源配置，提高居民的生活质量。在公共安全领域，通过对大数据的实时监控和分析，可以及时发现和预防潜在的安全隐患，保障社会的和谐稳定。此外，大数据技术还可以提升公共服务的效率和质量，例如，通过个性化服务和精细化管理，提高医疗、教育等公共服务的满意度和效果。

从更深的层次来看，大数据技术的研究和应用，实际上是在推动一场深刻的思维变革。在传统思维模式下，人们往往依赖经验和直觉进行决策和判断。然而，在大数据时代，这种依赖经验和直觉的方式已经无法满足复杂多变的社会需求。大数据技术通过对海量数据的分析和挖掘，可以揭示出事物的内在规律和联系，帮助我们建立基于数据的决策模型，实现更加科学和精准的决策。这种基于数据的思维方式，不仅提高了决策的质量和效率，也推动了社会的创新和发展。

大数据技术的应用还在推动着相关技术的创新和进步。例如，随着大数据技术的不断发展，数据存储、数据处理、数据可视化等相关技术也得到了快速发展。这些技术的创新和进步，不仅为大数据技术的应用提供了更加坚实的基础，也为其他领域的技术创新提供了有力的支持。

二、国内外研究现状

1. 国外研究现状

大数据技术作为当今时代信息技术产业的颠覆性突破，已广泛应用于各个领域。上至国家层面的战略政策参考，下至社会层面的组织决策管理，甚至个体自身的判断与行为方式选择，都会或多或少地用到大数据或是受其影响。大数据一词从 2009 年开始进入人们的视野，国内外学术界最初的焦点是在商业大数据、政府大数据及医疗大数据等方面。

在国外的相关研究中，阿尔温·托夫勒等人早在 20 世纪 80 年代，就曾预见过大数据时代即将来临。随着移动互联网和云计算等新兴信息技术的涌现，人们开始把目光转移到大数据的现实意义上来，其中较有代表性的是西方学者吉姆·格雷。他曾在 21 世纪初就阐述了数据密集型科学的概念。从他的理论中我们可以得知，根据不同的科学研究方法类型，可以把历史上曾经出现过的科学研究范式分为四种类型：第一种，实证范式，又被称为实验科学。它主要通过对各种自然现象进行翔实的描述分析，再通过反复试验与论证，将自然现象进行合理的分类。第二种，理论范式，又被称为理论推演。他认为当对于某项自然现象的结果预期与起初的科学假设相符合时，理论的推演就可以被作为参考，即对自然现象作由特殊到一般的归纳性推演，使理论框架也可以成为现实判断的依据。第三种，计算范式，又被称为计算机仿真。从此有限的精力不再成为制约发展的因素，人们可以凭借机器计算的方式来模拟或重现复杂现象，从而快速得到全面且真实的科学数据，不用再依赖烦琐且易出现误差的实验。第四种，数据密集型科学范式，这也是吉姆·格雷特别重视的一种范式。他是在遵循前三种范式的精神内核的基础上，采用新型信息技术手段来采集、储存、处理、分析大量数据，并以可视化的方式通俗易懂地向人们呈现，以便人们从中轻而易举地获取知识。按照吉姆·格雷的说法，我们目前正处于"数据密集型科学范式"的阶段，信息数据作为除人力、物力等传统资源外的新型重要资源，在当今时代具有十分重要的意义与价值影响。

自21世纪起，各国专家学者们开始在各种顶级学术期刊里探讨交流大数据的相关内容，例如大数据的内涵、特性、技术与使用等。早在2008年，《自然》杂志就设置了大幅版面的专栏"Big Data"，通过分析大数据的利与弊，提出了飞速、海量出现的数据给目前数据分析处理技术带来的困境，以警醒大家做好准备。《科学》杂志于2011年推出了数据处理与分析相关内容的专刊《数据处理与分析》，众多学者在此共同探究了庞大的数据对目前承载分析等技术所带来的挑战，并提出了"有效采集、分析、处理、运用大数据能够对社会发展起到不可估量的推动作用"等观点。随着大数据的理念与应用逐步融入人们的日常生活之中，也渐渐出现了许多科普性质的关于大数据基本概念与实用性的专著，例如维克托与肯尼思·库克耶就在其《大数据时代》著作中，阐述了大数据时代的思维模式、商业管理模式等方面的转变。

2012年3月，美国政府为能够更好地将大数据技术用于科学研究、生态环境、医药事业、国防安全和教育等领域，斥巨资以促进大数据技术的发展，这直接或间接地引发了世界范围内对大数据的关注。麦肯锡公司在其研究报告中同样指出了未来大数据对于各行各业的重要程度，"根据目前欧美国家已有的产业数据来进行预测，大数据技术的顺利应用与落实将能够为欧洲发达国家的公共事业直接节约超过1 000亿欧元的管理成本，并能够帮助美国的医疗保健事业节省近8%的成本，即每年能节省3 000多亿美元，且可以帮助全领域的零售行业提高其利润率约60%以上"。同时，市场调研机构International Data Corporation基于当时的实际情况所发布的"数字宇宙"研究报告中也提到，大数据技术与其服务市场在2015年已实现40%的年增长率，也就是近169亿美元的市值，是以往传统通信行业产值增长幅度的7倍以上。不难看出，大数据中自带的商业价值、科学价值、社会管理价值以及支撑决策等价值正在逐步被大众认可并采纳。

2. 国内研究现状

跟随国际学术潮流，国内学者们也竞相开展了对大数据的研究。朱志军等学者基于前人的研究，分析了大数据产生的背景以及原因，并且论述了大数据所蕴含的不可替代的优势和未来发展方向，以实证的角度论证了大数据对目前我国社会生活和产业管理领域不可估量的正向影响。郑毅在其著作中论证了海量数据在进行交互分析处理后仍具有二次创新价值，以及大数据战略对企业乃至国家的重要性。涂子沛在国外学者的研究之上以美国发展历史为时间轴分析了自初数时代、内战时代、镀金时代、进步时代、抽样时代至大数据时代的各个时代特征。用历史验证了数据治国方略的优越性，并且总结了我国数据文化的匮乏、不足之处，进而提出有针对性的对策建议。不难发现，这些学者们都对大数据进行了深刻的分析与展望，但基本上都局限于商业领域及国家管理中大数据问题的研究。

张军等学者提出大数据问题必须从国家层面开始重视，强调在此之前急需制定并完善相关的法律条款、政策法规，以引导并规范目前的大数据研究和实践应用，确保大家有法可依、有据可循。同时呼吁加速构建信息技术支撑下的国家创新体系，以科技推动进步，增强我国的国际竞争力。此外，张军等学者主要从大数据时代下的理念更新、商业模式优化和管理方式变革三个维度出发，探索大数据给我国带来的机遇与挑战，并提出相应的对策建议。徐宗本等学者从目前新兴技术飞速涌现的大环境出发，分析了现代化管理所面临的机遇与挑战，得到"新型价值社会化、企业运用线上化、市场检测实时化"三个重要结论。黄南霞等学者挖掘了大数据背景下创新网络共建共享信息平台的三种现实路径。郭晓科阐述了大数据在经济管理、公共政策、医疗健康、数据新闻、社会管理等领域所展现的潜在价值。刘晓洋指出，要利用大数据技术实现政府工作流程的再反思，创新基于个体分工的传统割裂式的管理模式，从而提升管理效率与效果。李泊溪首先分析了大数据的含义与特征，接下来总结了大数据与云计算的相似之处，并呼吁人们关注大数据与生产力之间的重要关系，最后阐述了云计算的思路。

关于大数据技术的研究，目前成果已是数不胜数。当前，学者们十分重视大数据的价值，并进行了不少将大数据应用于实践的探索。

三、研究方法

第一，文献分析法。通过各种渠道收集有关大数据技术及其应用的相关资料，并对这些资料进行整理和概括，从而了解并认识大数据以及大数据在教育教学、城市交通、商业变革等各行业中的应用，为研究提供有价值的参考。

第二，比较研究法。"他山之石，可以攻玉"，任何研究都是在借鉴前人成果的基础上进行的。研究的本质可以说是一种扬弃，即当前的研究成果就是对以往成果的推陈出新，因此只要我们细致比对、耐心分析就不难发现潜在的创新点，从而为解决当前问题找到关键突破口。

四、研究思路与内容

在信息技术发展迅速的今天，大数据技术已经成为推动现代社会发展的重要驱动力之一。大数据逐渐成为人们探索信息空间、挖掘新知识、创造新价值的关键工具，各行各业纷纷开始把"大数据"作为推动自身发展的重要战略。大数据技术的应用带来了越来越广泛的应用需求并产生了巨大的社会价值。

本书主要从以下四个方面进行阐述：

第一部分对大数据技术与应用的研究背景与意义、国内外研究现状、研究方法、研究思路与内容进行详细的阐述。

第二部分详细论述了大数据、大数据时代以及大数据应用的相关内容。

第三部分具体介绍了大数据在教育教学、城市交通、商业变革、医疗、地震、环境、警务等行业的具体应用。

第四部分对大数据技术与应用进行了总结与展望。

第二章 ↘ 大数据概述

第一节　大数据的概念与特点

　　大数据的涌现，宣告着一个全新时代的来临，这个时代以大规模生产、分享和应用数据为标志。通过对海量数据的深入挖掘与分析，我们能够以前所未有的方式创造出新颖的产品、服务以及独到的见解，进而汇聚成变革的洪流，推动时代的巨大转型。这就像我们仰望宇宙，尽管望远镜能让我们窥见其中一角，但更多深邃而广阔的领域仍隐藏在表面之下，等待着我们的进一步探索与发现。云计算作为大数据探索的强劲引擎，正驱动着我们对大数据进行深入的检索、分析、挖掘与研判，从而确保决策更为精准，充分发掘数据背后潜藏的价值。大数据不仅正在重塑我们的生活方式和世界观，更成为新发明与新服务诞生的摇篮，且未来还将有更多颠覆性的变革蓄势待发，引领我们步入一个更加智能与高效的新时代。

一、从"数据"到"大数据"

　　人类对数据的探寻之路源远流长，始于生产生活过程中的计量、记录与预测需求。从原始数据的萌芽，到科学数据的形成，再到大数据时代的来临，这条道路漫长而曲折。数据与人类如影随形，仿佛与生俱来的一种偏好，人类的认知发展史，实则也是一部对数据的认识与探索史。

　　"大数据"这一概念的形成，有三个标志性事件，如图 2.1 所示。

 美国《自然》(*Nature*)杂志专刊——The next google，第一次正式提出"大数据"概念。

 《科学》(*Science*)杂志专刊——Dealing with data，通过社会调查的方式，第一次综合分析了大数据对人们生活造成的影响，详细描述了人类面临的"数据困境"。

 麦肯锡研究院发布报告——Big data: The next frontier for innovation,competition, and productivity，第一次给大数据做出相对清晰的定义："大数据是指其大小超出了常规数据库工具获取、储存、管理和分析能力的数据集。"

图 2.1　"大数据"概念形成的标志性事件

同时，诸如大数据分析师 Merv Ddrian 和大数据科学家 Rauser 等专家，从各自独特的视角对大数据的内涵与外延进行了深入的探讨和阐述。尽管众多学者都对此进行了广泛的研究，学术界至今仍未形成一个统一且被广泛接受的大数据定义和解释。2015 年 8 月 31 日国务院印发的 .《促进大数据发展行动纲要》指出："大数据是以容量大、类型多、存取速度快、应用价值高为主要特征的数据集合，正快速发展为对数量巨大、来源分散、格式多样的数据进行采集、存储和关联分析，从中发现新知识、创造新价值、提升新能力的新一代信息技术和服务业态。"《大数据白皮书（2016 年）》称："大数据是新资源、新技术和新理念的混合体。从资源视角来看，大数据是新资源，体现了一种全新的资源观；从技术视角看，大数据代表了新一代数据管理与分析技术；从理念的视角看，大数据打开了一种全新的思维角度。"

二、大数据的特点

不论学界和政府组织如何界定"大数据"这一概念，大数据的核心特性始终如一。目前，业界普遍认同大数据具备"4V"特征，即 Volume（规模性）、Variety（多样性）、Velocity（高速性）和 Value（价值性）。这些特征共同构成了大数据的基本属性，使其在当今时代发挥着越来越重要的作用。

1.规模性（Volume）

信息技术的高速发展带来了数据量的爆发性增长。自 1986 年至 2010 年的 20 多年间，全球数据量实现了惊人的百倍增长。社交网络（如，微博、推特、脸书）、电商平台以及各类智能与服务工具等，都成为海量数据的制造者。根据淘宝网和脸书的官方统计，淘宝网近 4 亿会员每日产生的商品交易数据高达 20 TB，而脸书约 10 亿用户每天产生的日志数据更是超过 300 TB。展望未来，物联网的日益普及将使得各种传感器和摄像头遍布我们生活和工作的每一处角落。这些无处不在的设备将不断自动产生海量的数据，为我们的生活和工作带来前所未有的变革和机遇。

综上所述，数据生成的速度和数量已达到令人咋舌的程度，远远超出了人类的控制范畴。这种"数据爆炸"的现象，正是大数据时代的显著标志。据权威咨询机构国际数据公司（International Data Corporation，IDC）的预测，人类社会每年的数据量增长率高达50%，意味着每两年数据量就会翻倍，这被形象地称为"大数据摩尔定律"。换言之，近两年来产生的数据量已相当于过去所有数据的总和。

IDC 发布的《数据时代 2025》白皮书预测：到 2025 年，全球数据量将达到史无前例的 163 ZB。大数据的一个重要特征是其规模巨大的数据量。然而，关于究竟多大规模的数据量可称之为大数据，并无明确统一的标准。一般而言，当数据量至少达到 PB 级规模时，我们可以称之为大数据。当然，这一界定也需考虑到数据处理的复杂程度。数据存储单位之间的换算关系详见表 2.1，这为我们理解和衡量大数据的规模提供了参考。

表 2.1　数据存储单位之间的换算关系

单位	换算关系
B（Byte，字节）	1B=8 bit
KB（Kilobyte，千字节）	1 KB=1 024 B
MB（Megabyte，兆字节）	1 MB=1 024 KB
GB（Gigabyte，吉字节）	1 GB=1 024 MB
TB（Terabyte，太字节）	1 TB=1 024 GB
PB（Petabyte，拍字节）	1 PB=1 024 TB
EB（Exabyte，艾字节）	1 EB=1 024 PB
ZB（Zettabyte，泽字节）	1 ZB=1 024 EB

2. 多样性（Variety）

大数据的多样性源自其广泛的数据来源，这导致了其形式的丰富多变。基于数据是否具备特定的模式、结构以及关系，大数据主要可划分为三种基本类型：结构化数据、非结构化数据和半结构化数据。这些不同类型的数据在表 2.2 中得到了详细的列举和解释，它们共同构成了大数据的复杂生态，为各领域的分析和应用提供了丰富的素材。

表 2.2　大数据的数据类型

数据类型	说明
结构化数据	具有固定的结构、属性划分和类型等信息，通常以二维表格的形式存储在关系型数据库里。结构化数据是先有结构、后产生数据。结构化数据的分析方法大部分以统计分析和数据挖掘为主
非结构化数据	不遵循统一的数据结构或模型，不方便用二维逻辑表来表现(如,文本、图像、视频、音频等)。非结构化数据在企业数据中占比达 90%，且增长速率更快，更难被计算机理解，不能直接被处理或用结构化查询语言（Structured Query Language，SQL）进行查询。非结构化数据常以二进制大型对象形式整体存储在关系型数据库或非关系型数据库中，其处理分析过程也更为复杂

（续表）

数据类型	说明
半结构化数据	具有一定的结构，但又灵活可变，它介于完全结构化数据和完全非结构化数据之间。半结构化数据包含相关标记，用以分隔语义元素以及对记录和字段进行分层。两种常见的半结构化数据为：可扩展标记语言（Extensible Markup Language，XML）文件和JS对象简谱（JavaScript Object Notation，JSON）文件。半结构化数据的常见来源包括电子数据交换（Electronic Data Interchange，EDI）文件、扩展表、简易信息聚合（Really Simple Syndication，RSS）源、传感器数据等

除了以上三种数据类型外，元数据也是大数据领域中的一个重要概念。元数据主要用于描述其他数据的关键属性信息（如，数据长度、字段、数据列和文件目录等）。同时，它还能够提供数据的谱系信息，记录数据的演化历程和处理起源。根据功能和应用场景的不同，元数据可分为记叙性元数据、结构性元数据和管理性元数据。这些元数据主要由机器自动生成，并添加到相应的数据集中，以便更好地管理和利用数据。以数码照片为例，照片文件中的文件大小和分辨率等属性数据，就是一种典型的元数据。元数据在数据管理和分析中发挥着类似于数据仓库中数据字典的作用，为数据的理解和应用提供了有力的支持。

3. 高速性（Velocity）

根据 2021 年某商业智能（Business Intelligence，BI）科技公司的统计数据显示，在 1 分钟内，全球范围内的数字活动达到了惊人的规模。例如，谷歌每分钟能处理高达 570 万次的搜索查询，满足了用户的各种信息需求；脸书用户则分享了 24 万张图片，记录下生活的点滴；推特上每分钟涌现出 57.5 万条推文，人们通过简短的文字表达着思想和情感；抖音（Tiktok）平台上，用户们每分钟观看的视频数量高达 1.67 亿次，享受着视觉盛宴；此外，亚马逊（Amazon）作为电商巨头，每分钟内能产生 28.3 万美元的交易额，充分展现出电子商务的巨大潜力。

在大数据时代，许多应用都依赖于实时生成的数据来提供即时的分析结果，以指导我们的生产和生活实践。因此，数据处理和分析的速度必须达到秒级响应的标准，这与传统的数据挖掘技术存在本质区别。传统的数据挖掘技术往往并不强调实时性，更注重数据的深度挖掘和长期分析。现代大数据分析技术通过集群处理和独特内部设计，实现对海量数据的快速分析，高效处理庞大数据集，满足实时决策需求。谷歌公司的 Dremel 便是这一领域的杰出代表，它是一款兼具可扩展性和交互性的实时查询系统，特别适用于只读嵌套数据的深入分析。Dremel 巧妙地将多级树状执行过程与列式数据结构相结合，使得它能够在极短的时间内完成对万亿级别表格的聚合查询任务。更值得一提的是，Dremel 能够轻松扩展到成千上万的 CPU 上运行，从而轻松应对谷歌数万用户处理 PB 级数据的庞大需求。这种设计使得 Dremel 成为大数据分析领域的强大工具，为各类业务场景提供了高效、精准的数据支持。

4.价值性（Value）

随着互联网和物联网技术的广泛应用，数据量呈现出惊人的几何级数增长。然而，这些海量的数据中，真正有价值的信息仅占一小部分。大数据的真正价值在于它能够从众多不相关的、类型各异的数据中，挖掘出对用户最具价值的信息，从而为我们提供深入的洞察和有价值的决策支持。

在当前技术水平下，许多数据因无法及时或有效处理而成为价值模糊、未被利用的"暗数据"。为了挖掘海量数据中隐藏的潜在价值，企业和组织需投入大量资源构建大数据团队和平台，然而，最终的收益往往远低于投入。根据国际商业机器公司（International Business Machines Corporation，IBM）发布的研究报告，当前大部分企业仅对其庞大的数据总量中的 1% 进行了实际的分析和应用。这一现象表明，在现阶段大数据的价值密度相对较低，仍有大量潜在价值等待被发掘和利用。

第二节　大数据生命周期

大数据生命周期指的是大数据从生成到最终被销毁的完整过程。在制定大数据战略时，企业需首先界定大数据的范畴，随后明确数据的采集、存储、整合、呈现与使用、分析与应用以及归档与销毁等环节的具体流程。此外，企业还需根据数据和应用的实际情况，不断优化这一流程，以确保大数据的高效利用和价值最大化。大数据生命周期管理与传统数据生命周期管理在流程上虽相似，但出发点截然不同，因此存在显著差异。传统数据生命周期管理更侧重于数据的存储、备份、归档和销毁，力求在成本控制的前提下保留有价值的数据。然而，随着数据获取和存储成本的显著降低，大数据生命周期管理需以数据价值为核心，针对不同价值的数据，灵活采用相应的采集、存储、分析和使用策略。这种转变使大数据管理更加高效和精准，更好地满足现代数据应用的需求。

一、大数据采集

1. 大数据采集范围

为满足企业或组织在管理与应用上的多层次需求，数据采集工作被划分为三个层次。第一，业务电子化。它主要致力于手工单证的电子化存储以及流程的电子化处理，确保业务过程能够被真实、准确地记录下来。在这一层次中，数据采集的核心关注点在于数据的真实性，即数据的质量问题。第二，管理数据化。在推进业务电子化的进程中，企业逐渐认识到数据统计分析对于经营和业务管理的重要性。因此，对于数据的需求不再局限于简单的记录和流程电子化。企业开始追求更全面的数据采集，涵盖内部信息、客户资料以及供应链上下游的详尽数据。为实现数据的整合与高效利用，企业纷纷建立起数据集市、数据仓库等平台，从而构建出基于数据的企业管理全景视图。在这一层次中，数据采集的核心聚焦于数据的全面性，确保数据的完整性和覆盖广度，以支撑企业更为深入和精细的管理决策。第三，数据化企业。大数据时代已至，数据化的企业正逐渐发掘并创造出数据的内在价值，数据已然成为企业不可或缺的生产力。在这个过程中，企业的数据采集工作正朝着广度和深度两个方向不断迈进。从广度上看，数据采集的范围愈发广泛，不仅涵盖了企业内部数据，还纳入了外部数据；数据类型也愈发多样，除了传统的结构化数据外，还包括了文本、图片、视频、语音、物联网等非结构化数据。这种多元化的数据采集方式，为企业提供了更为全面和丰富的数据资源。而在深度方面，数据采集不再仅仅关注每个流程的执行结果，而是深入流程中的每一个节点，捕捉并收集每个节点执行的过程信息。这种深度采集的方式，有助于企业更深入地了解业务流程的运作情况，挖掘出更多的数据价值。因此，本层次的数据采集工作重点关注的是数据价值。通过广度和深度两个方向的采集，企业能够更全面、深入地了解和分析数据，从而发现数据中隐藏的价值，为企业的决策和发展提供有力的数据支撑。

2.大数据采集策略

大数据采集的扩展,也意味着企业成本和投入的增加。因此需要结合企业本身的战略和业务目标,制定大数据采集策略。企业的大数据采集策略一般有两种。第一种,尽量多地采集数据,并整合到统一平台中。该策略认为,只要是与企业相关的数据,都应当尽量采集并集中到大数据平台中。该策略的实施一般需要两个条件:其一,需要较大的成本投入,内部数据的采集、外部数据的获取都需要较大的成本投入,同时将数据存储并整合到数据平台上,也需要较大的基础设施投入;其二,需要有较强的数据专家团队,能够快速地甄别数据并发现数据的价值,如果无法从数据中发现价值,较大的投入无法快速得到回报,该策略就无法持续。第二种,以业务需求为导向的数据采集策略。当业务或管理提出数据需求时,再进行数据采集并整合到数据平台。该策略能够有效避免第一种策略投入过大的问题,但是完全以需求为导向的数据采集,往往无法从数据中发现"惊喜"。在目标既定的情况下,数据的采集、分析都容易出现思维限制。对于完全数字化的企业,如互联网企业,建议采用第一种大数据采集策略。对于尚处于数字化过程中、资金较紧、数据能力成熟度较低的企业,建议采用第二种大数据采集策略。

3.大数据采集的安全与隐私

数据采集的安全与隐私主要涉及三个方面的问题。第一,数据采集过程中的客户与用户隐私。在大数据时代,数据采集工作日益重要,但同时也面临着客户与用户隐私保护的挑战。从企业的应用视角来看,为确保合法合规并维护用户信任,处理涉及隐私的数据时,需特别注意以下几点:首先,对于即将采集的客户和用户信息,务必明确告知,确保他们了解哪些数据将被收集,并请求他们进行确认,以此保障用户的知情权和选择权;其次,采集到的用户信息应主要用于提升产品和服务质量,以满足客户的实际需求,从而体现数据采集的价值所在;再次,企业应向客户和用户明确承诺,所采集的信息将严格保密,除非法律要求,否则不会将信息透露给任何第三方,从而增强客户对企业的信任;最后,需要明确告知客户和用户,他们在企业平台上发布的公开信息(如言论、照片、视频等),由于其公开性质,将不被纳入隐私保护范围,若涉及版权问题,用户需自行维权。第二,数据采集过程中的权限。当企业通过客户接触类系统和业务流程类系统收集的数据需要传送至数据类平台(如数据仓库、数据集市、大数据平台等)以支持企业级管理决策时,权限管理成为关键。在这个过程中,必须明确数据的访问、使用和处理权限，以确保数据的安全性和合规性。只有经过授权的人员或系统才能访问和操作这些数据，从而防止数据泄露或滥用。第三，数据采集过程中的安全管理。企业应建立严格的安全标准，确保数据采集系统能够根据不同数据的安全级别提供相应的保护。在数据采集过程中，必须采取一系列安全措施，如数据加密、访问控制、审计日志等，以防止数据被窃取或篡改。同时，从源系统到数据平台的整个数据传输过程也需要加强安全保障，确保数据的完整性和保密性。

4. 大数据采集的时效性

数据采集的时效性对于数据价值的发挥至关重要。从管理者的视角来看，实时掌握企业经营状况是做出迅速决策的关键，而数据的实时采集为此提供了可能。从业务层面考虑，实时了解客户动态有助于提供更为精准的产品和服务，进而提升客户满意度。在风险管理领域，实时数据能帮助企业及时发现潜在风险，从而有效避免损失。然而，随着大数据计算技术的不断进步，尽管对所有数据进行实时采集在技术上已成为可能，但企业在实际操作中还需权衡成本效益。实时采集大量数据会对计算系统造成较大压力，增加计算成本。因此，企业在决定哪些数据需要实时采集、哪些可以批量采集时，应基于业务目标来划分优先级。

5. 大数据清理

大数据清理的目的主要在于去除无关数据和低质量数据，通俗来说，即剔除所谓的"垃圾数据"。然而，在大数据环境下，数据清理的方式和理念与传统方法有所不同。对于传统数据而言，数据质量是至关重要的，但在大数据背景下，数据的可用性变得更为关键。这意味着，一些在传统观念中被视为"垃圾"的数据，在大数据的语境下也可能具有潜在的价值。因此，在大数据应用中，不建议简单地直接清理掉所有"垃圾数据"。相反，更合理的做法是对数据质量进行分级管理。不同质量等级的数据可以满足不同层次的应用需求。例如，用于财务统计的数据需要高度准确和可靠，因此对这些数据的质量要求应该非常严格；而用于某些分析目的的数据，可能更注重数据的全面性和多样性，对质量的要求可能相对宽松一些。此外，有些特定用途的数据，如审计与风险分析，甚至需要特别关注那些看似不符合逻辑或异常的数据。这些所谓的"垃圾数据"可能隐藏着重要的信息，能够帮助我们发现潜在的问题或风险。综上所述，大数据清理并不是简单地删除垃圾数据，而是要根据数据的可用性和应用需求，对数据进行质量分级和有效管理。这样，不同质量等级的数据都能发挥其应有的作用，满足不同层次的应用需求。

二、大数据存储

1.数据的热度

在大数据时代，数据的容量呈现出爆炸式的增长，这无疑给数据存储和处理的成本带来了前所未有的挑战。传统的统一技术已经难以应对这种规模的数据，因此，我们需要针对不同热度的数据采取不同的技术策略，以优化存储和处理成本并提升可用性。所谓数据的热度，即根据数据的价值、使用频次、使用方式的不同，将数据划分为热数据、温数据和冷数据。首先，热数据通常具有较高的价值密度和使用频次，它们支持实时化的查询和展现，是企业运营决策的重要依据。因此，对于热数据的处理，我们需要确保高效、快速且稳定，以便满足实时的需求。其次，冷数据的价值密度相对较低，使用频次也不高，它们主要用于数据的筛选和检索。虽然这类数据的使用频率不高，但并不意味着它们不重要。在特定的场景下，冷数据可能蕴含着巨大的价值。因此，对于冷数据的存储和处理，我们可以采取更为经济的方式，但同样需要保证数据的完整性和可访问性。最后，温数据则介于热数据和冷数据之间。温数据主要用于数据分析，对于企业的业务洞察和预测具有重要意义，是企业决策的关键支撑。对于温数据的处理，我们需要在存储成本和分析需求之间找到平衡点，既要保证数据的可用性，又要控制成本。综上所述，针对不同热度的数据采用不同的技术进行处理，不仅可以优化存储和处理成本，还能提升数据的可用性。这是大数据时代下，数据存储和处理的重要策略。

2.数据的存储与备份要求

在大数据时代，不同热度的数据需要采用不同的存储和备份策略，以确保数据的高效管理和利用。

冷数据作为企业中价值密度较低但存储容量巨大的部分，其存储和备份策略尤为重要。冷数据通常包含企业的所有结构化和非结构化数据，使用频次相对较低。因此，针对冷数据的特性，我们应采用低成本、低并发访问的存储技术。这种技术不仅能够满足冷数据的存储需求，还能有效控制成本。同时，由于冷数据的存储容量可能随着时间的推移而不断增长，因此所选的存储技术还需具备快速和横向扩展的能力，以适应不断变化的存储需求。如谷歌、阿里、腾讯等企业，一般都会和硬件厂商一起研发低成本的存储硬件，用于存储冷数据。

与冷数据不同，温数据在企业的数据管理中同样占据重要地位。它通常涵盖企业的结构化数据以及经过结构化处理后的非结构化数据。这类数据使用频次适中，但由于其存储容量较大，且常用于复杂的业务分析，因此对计算性能和图形化展示性能有着较高的要求。在业务分析中，温数据经常涉及数据间的关联计算，需要高效、可靠的技术支持。值得注意的是，温数据往往具有可再生性，意味着它们可以通过其他数据的组合或计算生成。因此，相较于数据获取的时效性和备份要求，我们更关注其计算性能和分析便利性。为此，我们推荐采用既可靠又支持高性能计算的技术（如内存计算技术），能够迅速处理大量数据，满足复杂分析的需求。同时，为了方便分析师进行可视化分析，我们还应选择那些支持可视化分析工具的平台，使数据能够以直观、易懂的方式展现。

热数据通常是经过精细处理的高价值数据。由于其访问频次高，且对稳定性、实时性有着严格的要求，因此其存储方案必须能够支持高并发、低延时的访问，确保数据在任何时候都能被快速、准确地调用。为实现这一目标，我们建议采用那些支持高性能、高并发的平台来存储和处理热数据。这些平台不仅能够提供卓越的计算性能，还能通过高可用技术确保数据的高可靠性。同时，为应对可能的故障或数据丢失风险，我们还应实施完善的数据备份和恢复策略，确保数据的完整性和可用性。

3. 基于云的大数据存储

云计算能够提供可用的、便捷的、按需的网络访问，接入可配置的计算资源池（如服务器、存储、应用软件、平台等）。这些资源能够快速提供，且只需要投入很少的管理工作。针对大数据规模巨大、类型多样、生成和处理速度极快等特征，对于大数据来讲，云计算是一个非常好的解决方案。但使用云计算进行大数据的存储与整合时，必须考虑以下几点：

安全性。由于数据是企业的重要资产，因此不管采用何种技术，都必须确保数据的安全性。一方面，在使用公有云的情况下，企业需考虑自己的数据是否会被运行于同样公有云中的其他组织或者个人未经授权访问，从而造成数据泄露；在使用私有云的情况下，同样需要考虑私有云的安全性，在隔绝入侵者的同时，也需要考虑内部的安全性，确保私有云上未经授权的用户不能访问该数据。另一方面，数据是否可以放在云上，尤其是公有云上，也会受到法律法规的限制。例如，某些行业（如金融行业）的数据保密度要求较高，国家和主管机构会有相应的法律法规和安全规范对数据的存储方式进行限制。

时效性。数据存储在云上的时效性可能低于本地存储，受到物理设施的速度较慢、数据穿越云安全层的时效较差、网络传输的时效较慢三个条件的限制。对于时效性要求较高或者数据量特别大的企业来讲，这些限制条件可能是实质性的，而且会带来高昂的网络费用。

可靠性。由于云上基础设施通常采用廉价的通用设备，其故障风险相对较高。为确保关键数据的可靠性，云平台采用冗余策略，通过多副本存储来防范数据丢失。然而，随着数据重要性的提升，副本数量增加，租用成本也随之攀升。此外，多个数据副本也引发了安全问题，特别是在企业终止云服务时，如何彻底删除所有副本数据成为重要考量。

三、大数据整合

1. 批量数据的整合

传统的数据整合方式多以数据抽取－转换－加载（Extract-Transform-Load，ETL）模式为主，即先抽取数据，再进行转换处理，最终加载至目标平台。然而，随着数据量的爆炸式增长以及数据处理技术的不断革新，现今更为流行的是抽取－加载－转换（Extract-Load-Transform，ELT）模式。此模式改变了数据处理的顺序，首先抽取数据，然后直接加载至目标平台，再进行转换和整合工作。这种方式不仅显著提高了数据处理效率，也更好地适应了大数据时代的挑战。

（1）数据抽取。在数据整合过程中，数据平台与数据源系统间的接口定义至关重要，它形成了数据平台的接入模型文档。数据抽取通常有两种模式：抽取模式和供数模式。尽管从技术角度看，抽取模式可能更优，即通过工具从源系统提取数据。但项目实践上，我们更推荐源系统供数模式。这是因为，抽取数据可能给源系统带来未知影响，若全部由数据平台承担项目风险，一旦出现问题，可能导致项目遭受巨大损失，甚至失败。因此，为确保项目的稳健推进，选择源系统供数模式更为稳妥。

（2）数据加载。随着大数据并行技术的出现，数据库的计算能力大大加强，一般都采用先加载后转换的方式。在数据加载环节，数据比对是确保数据一致性的关键步骤。通过比对源数据与目标数据，我们能及时发现并修正加载过程中的数据误差。同时，设置数据校验规则也是保障数据质量的重要手段，对于不符合规则的数据，我们将其退回源系统进行修正，确保数据的准确性和完整性。此外，数据加载完成后，系统会自动生成详细的加载报告，这不仅有助于我们了解加载情况，还能及时发现源系统的数据质量问题。同时，数据版本管理也至关重要，它能帮助我们有效追踪数据的变更历史，确保数据的可追溯性和可靠性。

（3）数据转换。数据转换在数据整合中占据重要地位，主要包括简单映射、数据转换、计算补齐及规范化四种类型。简单映射旨在确保源系统与目标系统字段间的一致映射，实现数据的直接复制。数据转换则涉及源系统值到目标系统值的转变，如代码值的转换等。当源数据出现丢失或缺失时，计算补齐便会依据业务规则或数据质量规则，通过其他数据的计算来推算并补齐缺失值。当数据平台从多个系统采集数据时，由于不同系统间数据的定义存在差异，需要对这些数据进行整合与统一。规范化则是将这些定义整合至统一标准下，从而确保数据的一致性和准确性。

（4）数据整合。将数据整合到数据平台之后，需按应用目标进行进一步整合，实现数据的关联和统一服务。传统数据仓库的整合方式（如构建实体表和维表、设置统一计算层、生成宽表等），在大数据时代仍具实用性。这些方法有助于将不同数据关联起来，为数据统计、分析和挖掘提供支撑。

2.实时数据的整合

大数据的一个重要特点是速度。在大数据时代，数据应用者对于数据的时效性也提出了新的要求。例如，企业的管理者希望能够通过数据实时地看到企业的经营状况；销售人员希望能够实时地了解客户的动态，从而发现商机，快速成交；电子商务网站也需要能够快速地识别客户在网上的行为，实时地作出产品的推荐。实时数据的整合要比成批数据的整合复杂一些，抽取、加载、转换等常用步骤依然存在，只是它们以一种实时的方式进行数据处理。

实时数据的抽取。实时数据在抽取过程中，必须实现业务处理和数据抽取的松耦合。业务系统的主要职责是进行业务的处理，数据采集的过程不能影响业务处理的过程。实时数据抽取一般不采用业务过程中同步将数据发送到数据平台的方式，因为一旦采用同步发送失败或超时，就会影响业务系统本身的性能。

实时数据的加载。在实时数据加载过程中，需要对数据完整性和质量进行严格检查。对于不符合条件的数据，需要记录在差异表中，最终将差异数据反馈给源系统，以便进行数据核对。实时数据加载一般采用流式计算技术，该技术能快速地将小数据量、高频次的数据加载到数据平台上。

实时数据的转换。实时数据转换与实时加载程序一般为并行的程序，对于实时加载完的数据，通过轮询或者触发的方式进行数据转换处理。

四、大数据呈现与使用

1. 数据可视化

数据可视化通过图形化方式有效传递和沟通信息，它利用图形、图像处理、计算机视觉和用户界面技术，对数据进行表达、建模，并展示其立体、表面、属性及动画效果，使数据更易于理解和分析。在此过程中，适当的工具发挥着关键作用，助力数据可视化过程更加高效和精准。传统的数据可视化工具包括Excel、水晶报表、Report 等报表工具，以及诸如 Cognos（一种在 BI 核心平台之上，以服务为导向进行架构的数据模型）等多维数据分析工具，还有统计分析软件（Statistics Analysis System，SAS）等图形展示工具。新一代基于大数据的数据可视化工具，如 Pentaho（一款开源商务智能软件），集成了报表、多维分析、数据挖掘、Ad hoc（点对点模式）分析等多项功能，并支持图形化的展示。未来预计会有更多的数据可视化产品和服务公司出现。

2. 数据可见性的权限管理

数据的展示需要进行权限管理，不同的人员可见的数据不同。数据可见性的权限管理需要综合考虑以下五个方面。第一，内外部可见性不同。企业在数据共享时明确区分了内外部的可见性。对于外部客户或供应商，数据的开放程度受到严格限制，他们通常只能查看与自己业务直接相关的数据，以及企业特别授权他们查阅的信息，不可以看到其他客户和供应商的数据。第二，不同层级可见性不同。企业的高层、中层和一线员工能见到的数据的范围不同，数据的可见权限需要按照不同的层级进行划分。高层管理者通常能够接触到更全面、更宏观的数据，以便他们作出战略决策；中层干部则根据其职责范围，能够查看特定领域的数据；而一线员工则主要接触与其日常工作直接相关的数据。第三，不同部门可见性不同。每个部门所接触的数据范围具有独特性，若某部门需获取其他部门的数据，必须事先获得数据所属部门的正式授权，或者通过更高层级的审批流程，有效防止了未经授权的访问。第四，不同角色的可见性不同。在同一部门中，为确保数据使用的精准性和安全性，应针对每个角色进行精细化的数据授权。这样，每个员工只能查看与其职责相关的数据，从而提高了工作效率，并降低了数据泄露的风险。第五，数据分析部门的特殊权限及安全控制。考虑到数据分析部门工作的特殊需求，它们往往需要全面、深入地了解企业的整体运营情况。因此，数据分析部门员工需要获得特殊的授权，以便访问和处理各类数据。同时，为了保障数据安全，这些员工通常需要签订严格的保密协议，并接受相应的技术手段监管，确保他们不会滥用或泄露这些敏感信息。

3. 数据展示与发布的流程管理

为规范数据的展示与发布，企业需建立一套统一的流程，对各类数据进行集中管理。其中，涉及的数据包括向上级主管部门汇报的数据、上市公司需公开披露的信息、企业级关键绩效指标（Key Performance Indicators，KPI），以及其他企业级的数据指标口径。为确保数据的准确性和权威性，企业应明确各项数据或指标的主管责任部门。这些数据或指标需由主管责任部门统一对外发布，其他任何部门或个人均无权擅自发布。此外，企业内部各部门应设立指标管理岗位，对本部门的指标进行统一管理。部门级指标在发布前，需向企业指标主管责任部门进行报备，以确保企业整体数据的协调性和一致性。

4. 数据的展示与发布

数据是现代企业的重要资产，企业拥有的各类数据数量、范围、质量情况、指标口径、分析成果等也应该进行展示和发布。为此，企业需明确数据资产的主管责任部门，并制定相应的管理办法。这一部门不仅负责数据资产的全面管理，还承担着展示和发布数据资产状态的重要任务。元数据管理平台在数据资产管理中发挥着关键作用，通过技术元数据和业务元数据的记录与展示，能够全面反映各类数据的实际状况，为企业决策提供有力支持。

5. 数据使用管理

（1）数据使用的申请与审批。数据的使用一般分为系统内的使用和系统外的使用。系统内的使用包括通过应用软件或者工具，对数据进行统计、分析、挖掘，所有对于数据的查看和处理都在系统内完成，能够进行的操作也通过系统得到了相应的授权。系统外的使用，是指为了满足数据应用的要求，将数据提取出系统，在系统外对数据进行相关处理，这一类的数据使用需要制定相应的流程进行申请和审批。对于不同类型的数据，需要有不同的审批流程。其中，审批流程中应该包括人员的审批。

（2）数据使用中的安全管理。对于提取出系统进行使用的数据，在数据使用的过程中，需要注意以下事项。第一，对于敏感数据需要进行脱敏处理。如客户身份识别信息、客户联系方式等信息属于敏感信息，在提取数据时应该进行脱敏处理。数据脱敏的方式可以直接置换，或采用不可逆的加密算法等。第二，对于数据的保存与访问，需要遵照国家的保密法规、企业的保密规定以及企业的信息安全标准。企业应该对保密和敏感信息制定相应的标准，对该类信息的存放、访问和销毁的场所、人员、时间等进行详细的规定。第三，对于不能脱敏，但在处理过程中必须使用的真实数据，企业需要建立专用的访问环境，该环境区别于生产环境，具有可访问性和操作性，但是不能将数据带离环境的特性。

（3）数据的退回与销毁。当使用方发现所提取的数据无法满足使用需求时，需按照既定流程将数据进行退回，并重新提取。若使用方对提取的数据进行了处理，且这些处理后的数据对源数据具有补充或修正价值，应将处理过的数据交回。特别是涉密的数据，在使用完毕后，必须按照严格的保密流程进行退回处理。数据退回后，对于包含敏感或机密信息的数据，必须确保系统外的数据备份彻底销毁，以防数据泄露。同时，应采用先进的技术手段对存储这些数据的设备进行彻底的数据删除，确保数据无法被复原，从而维护数据的安全性和保密性。

五、大数据分析与应用

1. 数据分析

数据分析就是采用数据统计的方法，从数据中挖掘规律，用以描述现状和预测未来，从而指导业务和管理的行为。从应用的层次上讲，数据分析包括以下五个层次。

静态报表，是最传统的数据分析方法，甚至在计算尚未出现时便已形成，通过构建具备统一指标口径的报表，实现对事物整体性和抽象性的描述。

数据查询，即数据检索，允许用户以明确或模糊的条件检索所需数据，结果可能涉及单条或多条记录，涵盖单一或多种对象的关联，自数据库技术问世以来便一直支持此类操作。

多维分析结合商业智能的核心技术，它结合了"维"（即影响因素）和"指标"（即衡量因素），使用户能够多角度、灵活动态地分析数据。这种基于多维度的分析技术，让我们能立体地看待数据，进行深入的"切片"和"切块"分析，从而揭示数据背后的深层含义和规律。

特设分析，是专为特定场景与对象设计的深度分析方法，它通过分析对象及其关联对象，构建出详尽的全景视图。例如，客户立体化视图和客户关系分析就是特设分析的典型应用，此外，特设分析在审计和刑侦领域也发挥着重要作用。

数据挖掘，是从海量数据中通过算法挖掘隐藏信息的过程，旨在发现知识和规律。企业应根据自身业务需求、技术能力和数据状况，明确数据分析的层次和重点，以充分发挥数据分析的价值。

2.数据应用

大数据的应用对企业决策和业务流程均起到了关键的支持作用。一方面，大数据通过呈现分析结果，为企业提供了有力的决策依据。另一方面，将分析与建模的成果直接集成到业务流程中，为业务操作提供了实时的数据支持。

大数据应用主要分为两类：第一类，嵌入业务流程的数据辅助功能。这类应用将数据功能深度融入业务流程中，根据详尽的分析和精确的建模结果形成具体的业务或推荐规则，使数据在业务执行中发挥更加核心的作用。典型的案例就是银行利用此类技术打造反洗钱系统，以及构建信用卡的防欺诈体系。通过数据分析与建模，发现洗钱或者信用卡欺诈的规律，并建立相应的防范规则，当符合相应规则的业务发生时，就一定会触发相应的流程。在某些场景下，嵌入的程度是较浅的，如电子商务网站的关联产品推荐，仅仅为客户提供产品推荐功能，辅助客户进行决策，并不强制要求购买。这种数据嵌入，既提升了用户体验，又在一定程度上促进了销售。第二类，以数据为驱动的业务场景。在这样的场景下，数据分析和建模的结果成为应用得以运转的核心。例如，精准营销的成功离不开深入的数据分析和建模。如果没有这些分析，我们就无法有效地进行目标用户定位，制定个性化的营销策略。同样，大数据在刑侦领域的应用也离不开数据模型和特设分析的支持，否则我们将无法从海量数据中找出有价值的线索。而在电子商务领域，比价应用同样依赖于大数据的采集和处理技术，只有准确获取各电商的报价数据，并通过大数据技术识别同一产品并排序价格，才能实现比价功能。随着科技的进步，以数据为驱动的业务场景将愈发普遍，缺乏数据和数据分析能力的企业，无疑将在这些竞争激烈的场景中处于劣势。

六、大数据归档与销毁

1. 数据归档

在存储成本已显著降低的情况下，企业希望在现有技术的能力范围内尽量存储更多的数据。但面对大数据时代数据的急剧增长，数据归档仍然是数据管理必须考虑的重要环节。在归档过程中，数据压缩与格式转换显得尤为关键。对于热度较低的数据，从成本控制角度考虑，实施压缩是必要的。这既可通过手工方式完成，也可借助数据库或硬件层面的工具实现。然而，需要注意的是，压缩可能增加数据访问难度，因此企业需明确哪些数据适宜压缩，并制定相应策略。在技术进步的背景下，建议优先选择可选择性恢复的数据压缩方案。特别是非结构化数据的归档，更应注重注入有序和结构化信息，以提升数据检索和选择性恢复的效率。

2. 数据销毁

随着存储成本的下降，众多企业开始"数据全存"策略，以备不时之需。然而，数据量的急剧增长使得有效管理和存储超出业务需求的数据成为一项具有挑战性的任务。从价值成本分析角度看，这种做法未必明智。此外，历史数据还可能给企业带来法律风险，因此数据销毁问题不容忽视。为确保数据销毁的合规性和安全性，企业应建立严格的管理制度，制定数据销毁审批流程，并设计详尽的数据销毁检查表。只有经过检查表核实并通过审批流程的数据，方可被销毁。这样，企业才能在保障数据安全的同时，有效控制存储成本，并规避潜在的法律风险。

七、大数据治理实施

在大数据治理实施阶段，主要关注实施目标和动力、实施关键要素以及实施过程。

1. 大数据治理实施的目标和动力

（1）大数据治理实施的目标。大数据治理实施的目标分为直接目标和最终目标。

大数据治理实施的直接目标是建立大数据治理的体系，即围绕大数据治理的实施阶段、阶段成果、关键要素等，建立一个完善的大数据治理体系，既包括支撑大数据治理的战略蓝图和阶段目标，也包括岗位职责和组织文化、流程和规范以及软硬件环境。这里重点介绍软硬件环境、流程和规范、阶段目标。首先，需要建立大数据治理的软硬件环境。以大数据质量管理的软硬件环境的搭建为例，在传统的数据存储过程中，往往把数据集成在一起，而大数据的存储在很多情况下都是在其原始存储位置组织和处理数据，不需要大规模的数据迁移。其次大数据的格式不统一，数据的一致性差，必须使用专门的数据质量检测工具，这就需要搭建专门的质量管理的软硬件环境。该软硬件环境能够支持海量数据的质量管理，而且能够满足即时性需求，需要考虑离线计算、近实时计算和实时计算等技术的配置。再次，需要建立完善的大数据治理实施流程体系和规范。完善的流程是保障大数据治理制度化的重要措施，以某国有大型能源企业开展的大数据治理实施工作为例，这家公司在近几年开始实施大数据治理，建立了大数据治理的三大流程——数据标准管理流程、数据需求和协调流程、数据集成和整合流程，形成了大数据治理常态化工作的规范。最后，需要制定大数据治理实施的阶段目标。大数据治理是个持续不断地完善的过程，但不是一个永无止境的任务。大数据治理必须分阶段地逐步开展，每一个阶段都应该制定一个切实可行的目标，保证工作的有序性和阶段性。明确的阶段目标能够促使大数据治理实施按质、按量地顺利完成。

大数据治理实施的最终目标是通过大数据治理为企业的利益相关者带来价值，建立完善的治理体系，从而确保服务创新、价值实现和风险管控。组织拥有诸多利益相关者，如管理者、股东、员工、顾客等。而"价值实现"对不同的利益相关者而言其意义并不相同，甚至有时候会产生冲突。从长远的角度看，实施大数据治理就是利用最重要的数据资源，提高企业资源的利用效率，在可接受的风险范围内，实现收益的最大化。价值实现包含多种形式，譬如企业的利润和政府部门的公共服务水平。大数据治理会降低企业的运营成本，为企业带来利润。随着信息化建设的发展，企业已经建设了包括数据仓库、报表平台、风险管理、客户关系管理在内的众多信息系统，为日常经营管理提供管理与决策支持。但是由于各种原因，在信息资源标准体系建设、信息共享、信息资源利用等方面仍存在许多不足。例如，数据量大导致管理困难，客户数据分散在多个源系统，缺乏统一的管理标准，引起数据缺失、重复或者不一致等，严重影响业务发展。大数据治理可以帮助企业完善信息资源治理体系，实现数据的交换与共享的管理机制，有效整合行业信息资源，降低数据使用的综合成本。风险管控是大数据治理实施的重要价值之一。大数据治理发掘了大数据的应用能力，提高了组织数据资产管理的规范程度，降低了数据资产管控的风险。例如，大数据治理可以提高数据的可用性、持续性和稳定性，避免由于错误操作引发的系统运维事故。服务创新是指利用组织的资源，形成不同于以往的服务形式和服务内容，满足用户的服务需求或者提升用户的服务体验。在大数据治理的背景下，充分发挥大数据资产的价值，可以实现服务内容和形式的创新。

（2）大数据治理实施的动力。大数据治理实施的动力来源于业务发展和风险合规的需求，这些需求既有内部需求，又有外部需求，主要分为四个层次：战略决策层、业务管理层、业务操作层和基础设施层。第一，战略决策层负责确定大数据治理的发展战略以及重大决策。该层主要由组织的决策者和高层管理人员组成。第二，业务管理层负责企业的具体运作和管理事务。从人员角度看，该层可以是项目经理、部门主管或者部门经理。业务管理层实施大数据治理的动力在于提升管理水平，降低大数据的运营成本，提高大数据的客户服务水平，控制大数据管理的风险等。第三，业务操作层主要负责某些具体工作或业务处理活动，不具有监督和管理的职责。第四，基础设施层是指一个完整的、适合整个大数据应用生命周期的软硬件平台。大数据治理实施需要建立一个统一、融合、无缝衔接的内部平台，用以连接所有与业务相关的数据，从而让数据能够被灵活部署、分析、处理和应用。对该层次而言，大数据治理能够实现基础设施规范、统一的管理，为大数据的业务操作、业务管理和战略决策提供基础保障。

2. 大数据治理实施的关键要素

（1）实施目标。根据业务发展需求，设立合理的实施目标，以指导大数据治理实施的顺利完成。从长远发展的角度看，大数据治理的实施目标需要与大数据治理价值实现蓝图相关联。大数据治理价值实现蓝图明确了大数据治理工作的前景和作用，是大数据治理实施的重要前提。只有从价值实现的角度思考大数据治理，才能充分发挥大数据治理实施的价值。大数据价值实现蓝图是一个循序渐进的过程，从支持企业战略转型、业务模式创新的战略层面出发，制定大数据治理的目标，规划中长期的治理蓝图，有助于大数据治理项目实施目标与企业大数据治理的长期目标保持一致。

（2）企业文化。企业文化是企业在特定环境下，通过生产经营和管理活动所形成的独具特色的精神财富与物质形态。为推进大数据治理的有效实施，企业管理者需积极构建一种以数据资产为核心、深入挖掘数据价值的企业价值观，我们可称之为"数据文化"，以此引领企业走向数据驱动的未来发展之路。这种"数据文化"体现在以下三个方面。首先，培养一种"数据即资产"的价值观。最初，数据纯粹是数据，报表提交给管理者之后，就没有其他作用了。但多种数据融合后，能够让企业的管理者重新认识产品、了解客户需求，优化营销，因此数据就变得有价值了，成了一种资产，甚至可以交易、合作、变现。鉴于此，大数据治理可以从发挥价值的角度出发，让企业重新审视自身的数据资源，并培养"数据即资产"的企业价值观，不断发现新的大数据治理需求，引导大数据治理实施工作的开展。其次，倡导一种创新跨界的企业文化。以往的企业经营，注重发挥人力、物力、财力资源的价值，而大数据治理则充分发挥数据的价值，推动新业务的形成和发展。因此在实施大数据治理时，应倡导创新跨界的企业文化，启发员工和管理者从创新跨界的角度，发挥数据资产的价值，触发产品和服务创新。最后，倡导建立"基于数据分析开展决策"的企业文化。对企业的决策者和管理者而言，大数据治理需要建立一种"基于数据开展决策"的管理规范，而这种企业文化的倡导，能够引导、号召企业的决策者和管理者有意识地建立这样的管理规范，促进大数据治理实施活动顺利进行。

3. 大数据治理实施的过程

从项目管理的角度看，大数据治理实施着重关注七个阶段。

第一阶段，机遇识别。大数据治理并非一味追求速度，而应寻觅适当时机。组织需洞察具体问题，明确通过大数据治理所能取得的立竿见影之成效。因大数据治理工作繁复且需持续优化，对企业而言任务繁重。若未采取局部突破策略，难以取得阶段性成果。因此，识别机遇，选定合适的阶段性任务，对大数据治理的成功实施至关重要。这一策略不仅有助于明确目标，更能确保资源的有效利用，为大数据治理的深入推进奠定坚实基础。

第二阶段，现状评估。这一阶段的调研工作涵盖三个核心方面：首先，对外调研，聚焦业界大数据的最新动态，掌握行业标杆及竞争对手的大数据应用水平；其次，内部调研，深入了解管理层、业务部门及最终用户对大数据治理的期望，同时评估大数据治理部门自身的能力；最后，自我评估，审视技术实力与人员储备。通过综合这些调研结果，进行对标分析，明确差距，并分阶段评估大数据治理的成熟度，为后续工作提供有力支撑。

第三阶段，制定实施目标。这不仅是大数据治理过程的灵魂，更是引领组织发展的关键。阶段目标的设定没有固定模板，但应遵循基本准则：既需精准概括问题，又要全面反映内外利益相关者的需求；同时，应清晰描绘各方愿景与目标，确保这些目标通过努力是可实现的。只有这样的目标，才能有效指导大数据治理工作，推动组织不断向前发展。

第四阶段，制订实施方案。制订大数据治理方案包括流程界定、范围划定、阶段性成果设定、成果衡量标准确立及治理时间节点安排等关键内容。此方案从上层设计至底层实施提供全面指导，助力企业顺利推进大数据治理。

第五阶段，执行实施方案。严格按照大数据治理规划的操作方案逐步推进，构建完善的大数据治理体系，包括软硬件平台搭建、流程规范制定、岗位设立与职责明确等。通过实施治理方案，企业将初步建立起大数据治理制度与运作体系，为后续的持续优化奠定坚实基础。

第六阶段，运行与测量。为此，需组建专业的运行与绩效测量团队，制定详尽的策略、流程、制度和考核指标体系，监督、检查、协调多个相关职能部门，从而优化、保护及高效利用大数据，确保其作为组织的核心战略资产能充分发挥价值。

第七阶段，评估与监控。建立运行体系后，需持续监控大数据治理的运作状况，并评估其成熟度。这涉及将实施前的目标与实际效果进行比对，识别并纠正实施过程中可能出现的偏差，同时检验目标的合理性。一旦发现问题，必须迅速采取措施予以解决，以确保大数据治理的持续优化和高效运行。

第三节　大数据与云计算、人工智能和物联网

大数据、云计算、人工智能和物联网代表了 IT 领域最新的技术发展趋势，它们相辅相成、不可分割，既有联系又有区别。下面我们将分别介绍云计算、人工智能和物联网，以及它们和大数据之间的联系和区别。

一、云计算

云计算（Cloud Computing）是分布式计算的一种，将繁复的数据计算任务细化为无数个微小程序，依托网络"云"的广阔连接，将这些小程序分发至多个服务器构成的强大系统进行处理与分析。其结果迅速返回至用户手中，实现了高效的数据处理。早期，云计算主要聚焦于任务分发与结果合并，故亦称网格计算。如今，云计算已远非单纯的分布式计算所能涵盖，它融合了效用计算、负载均衡、

并行计算、网络存储、热备份冗余及虚拟化等先进计算机技术，共同推动信息技术的飞跃发展。

云计算包括三种典型的服务模式，即基础设施即服务（Infrastructure as a Service，IaaS）、平台即服务（Platform as a Service，PaaS）和软件即服务（Software as a Service，SaaS），如图 2.2 所示。IaaS 将基础设施作为服务出租，向个人或组织提供虚拟化计算资源，如虚拟机、存储、网络和操作系统。PaaS 把软件平台作为服务出租，为开发、测试、管理和应用软件程序提供需要的环境。SaaS 把软件作为服务出租，帮助客户更好地管理 IT 项目，确保应用的质量和性能。

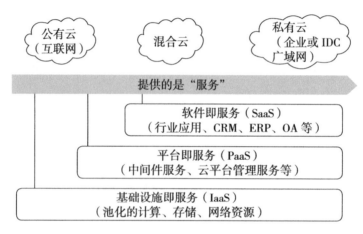

图 2.2　云计算的服务模式和类型

云计算，依据服务范围和性质的不同，可划分为公有云、私有云及混合云三大类别。公有云作为开放的服务平台，广泛服务于各类注册付费用户，如亚马逊云服务（Amazon Web Services，AWS），其便捷性与共享性深受用户青睐。而私有云则专为特定用户设计，如大型企业自建的云环境，专供内部使用，确保数据的高度安全性。混合云则巧妙结合了公有云与私有云的优势，既可将敏感数据存储在私有云中保障安全，又可利用公有云的计算资源提升效率。这种灵活搭配的模式，使得混合云成为众多企业的理想选择。

二、人工智能

人工智能（Artificial Intelligence，AI）是研究、开发用于模拟、延伸和扩展人的智能的理论、方法、技术及应用系统的一门新兴学科。作为计算机科学的一个分支，人工智能被誉为 21 世纪的三大尖端技术之一，与基因工程和纳米科学并驾齐驱。人工智能的研究版图广阔，涵盖了机器人技术、语言与图像识别、自然语言处理、机器学习、计算机视觉以及专家系统等众多领域，如图 2.3 所示。这些领域的研究不仅深化了我们对人工智能的理解，更推动了科技的创新与发展，为社会带来了前所未有的变革与机遇。

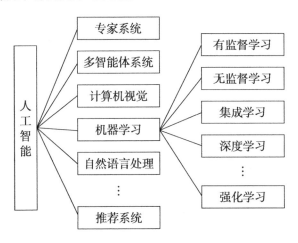

图 2.3　人工智能的研究领域

机器学习（Machine Learning, ML）是人工智能的核心。自 20 世纪 80 年代起，ML 作为实现人工智能的关键路径，在人工智能领域激起了广泛的研究热潮。特别是近十余年来，ML 研究取得了飞速进展。其研究方向主要分为两大类别：第一类是传统机器学习的研究，聚焦于学习机制的深入探索，力图模拟人类的学习过程；第二类是大数据环境下 ML 的研究，致力于高效利用信息，从海量数据中提炼出隐藏、有效且易于理解的知识。这两大方向的研究共同推动着机器学习领域的不断前行与创新。

三、物联网

物联网（Internet of Things, IoT），即"万物相连的互联网"，通过结合各种信息传感设备，使得人、机器、物品在任何时间、地点都能实现互联互通。

从技术架构上看，IoT 可以分为四层：感知层、网络层、处理层和应用层，其架构如图 2.4 所示。IoT 各层的具体功能如图 2.5 所示。

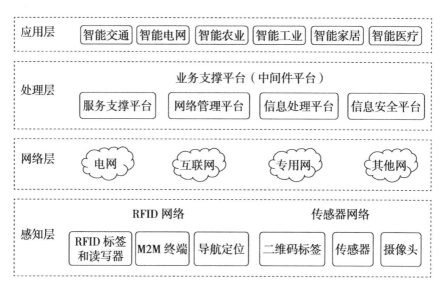

图 2.4 物联网的四层架构

感知层	负责对物联网信息进行收集和获取，是物联网整体架构的基础。在感知层，传感器感知物体本身和周围的信息，因此物体也具备了"说话和发布信息"的能力
网络层	将感知层采集到的信息传递给物联网云平台，还负责将物联网云平台下发的命令传递给应用层，具有链接效应
处理层	主要解决数据存储、检索、使用以及数据安全隐私保护等问题
应用层	直接面向用户，满足各种应用需求，如智能交通、智慧农业、智能工业、智慧医疗等

图 2.5　物联网各层的功能

IoT，融合了智能感知、普适计算和泛在网络等先进应用，被誉为继计算机、互联网之后，世界信息产业的第三次飞跃。IoT 不仅是对互联网的拓展，更是一场业务与应用的革新。在物联网的发展中，应用创新占据着核心地位，而用户体验则是这场创新之旅的灵魂。只有以用户为中心，不断优化和创新应用，IoT 才能真正发挥其潜力，引领信息产业的未来发展。

四、大数据与云计算、人工智能、物联网的关系

1. 大数据与云计算

云计算最初涵盖了两种核心含义：一种是以谷歌的 GFS（Google File System，一个可扩展的分布式文件系统）和 MapReduce（分布式计算框架，是一种编程模型，用于大于 1 TB 的大规模数据集的并行运算）等技术为代表的大规模分布式计算方式，实现了高效的并行处理能力；另一种是以亚马逊的虚拟机和对象存储服务为代表的商业模式，实现了 IT 资源的"按需租用"。然而，随着大数据时代的来临，云计算的分布式计算技术更多地被归类为大数据技术的一部分。如今，当我们提及云计算时，更多是指其对于底层 IT 资源的整合优化，并以 IaaS、PaaS、SaaS 等服务形式提供，实现了 IT 资源的灵活利用与共享。表 2.3 描述了大数据和云计算之间的对比。

表 2.3　大数据与云计算的对比

大数据		云计算	
总体关系		云计算为大数据提供了工具和途径，大数据为云计算提供了用武之地	
相同点		① 都是为数据存储和数据处理服务； ② 都需要占用大量的存储和计算资源，因而都要用到海量数据存储技术、海量数据管理技术、MapReduce 等并行处理技术	
不同点	产生背景	现有的技术不能很好地处理社交网络、物联网等应用产生的海量数据，但这些数据存在很大价值	基于互联网的相关服务日益丰富，主要为了解决互联网应用对大规模计算能力、数据存储能力的迫切需求
	目的	充分挖掘海量数据中有价值的信息	通过互联网和分布式计算更好地调用、扩展和管理计算及存储方面的资源和能力
	对象	数据	IT 资源、能力和应用
	推动力量	从事数据存储与处理的软件厂商和拥有大量数据的企业	生产计算及存储设备的厂商，拥有计算及存储资源的企业
	价值	发现海量数据中隐藏的有价值信息	节省 IT 部署成本

大数据和云计算，两者在整体上相辅相成、相得益彰。大数据侧重于数据的采集、分析和挖掘，注重信息的积累和存储能力，为实际业务提供有力支撑；而云计算则聚焦于计算能力的提供，关注 IT 解决方案和基础架构的搭建，致力于数据处理的高效与灵活。可以说，大数据是云计算的用武之地，而云计算则是大数据得以施展魔力的基础途径。从技术层面来看，大数据深深根植于云计算的沃

土之中。云计算的关键技术，如海量数据的存储与管理、MapReduce 编程模型等，为大数据提供了坚实的基础和强大的支撑。没有云计算的处理能力，大数据的丰富信息便无法得到有效利用；而没有大数据的信息积淀，云计算的计算能力也将失去依托。

2. 大数据与人工智能

尽管大数据与人工智能关注的焦点各异，它们之间却紧密相连。大数据为人工智能提供了丰富的"思考"与"决策"素材，而人工智能则运用其技术，如 ML，将大数据转化为有价值的信息。这种互补关系使得两者在各自领域的发展相互促进，共同推动科技进步，为人们的生活带来更多便利与可能性。

随着大数据时代各行业对数据分析的需求与日俱增，ML 已成为推动技术发展的核心力量。在大数据时代，ML 不再仅仅关注"学习"本身，而是更多地被视为一种支持和服务技术。当前，基于 ML 对复杂数据进行深度分析，以高效利用信息，已成为研究的重点。ML 正逐步向智能数据分析方向演进，成为智能数据分析技术的重要基石。其不断发展和完善，不仅为大数据分析提供了强大的工具，也推动了整个数据科学领域的进步，为我们的生活和工作带来了更多便利和可能性。

大数据时代，数据生成速度迅猛，体量空前增长，并且新类型数据层出不穷，如文本情感分析、图像识别等。在这一背景下，大数据 ML 和数据挖掘等智能计算技术显得尤为关键。它们在大数据智能化分析处理中发挥着不可替代的作用，助力我们更深入地理解和利用这些数据。随着技术的不断进步，这些智能计算技术将继续推动大数据领域的发展，为我们带来更多的机遇和挑战。

3. 大数据与 IoT

IoT 作为大数据的基石，其重要性不言而喻。大数据的数据来源主要有三个方面，分别是 IoT、Web 系统和传统信息系统。其中以 IoT 贡献最为显著，占比超过九成。可以说，没有物联网的蓬勃发展，大数据便无从谈起。

大数据是 IoT 体系不可或缺的一环，尤其在分析层面发挥着关键作用。IoT 的体系架构涵盖设备、网络、平台、分析、应用和安全六大板块，大数据分析正是分析环节的核心。它凭借统计学和 ML 等分析方法，实现数据价值的最大化。当大数据与人工智能技术深度融合，智能体便能借助 IoT 平台，将决策精准传达至终端，从而推动智能化应用的发展。这种协同作用不仅提升了数据处理效率，也为物联网的广泛应用提供了有力支撑。

IoT 的崛起，引领着智能交通、智能家居、智能物流、智慧景区等应用的蓬勃发展，已然成为未来经济的新引擎。遍布全球的传感器和智能设备带来了数据的井喷，只有借助大数据技术和框架，我们才能驾驭这庞大的数据流。现有的大数据技术不仅能够有效存储收集到的传感器数据，更能结合人工智能技术，实现对其的高效分析，从而挖掘出更多潜在价值。这一变革，正引领着我们迈向一个更加智能、高效的新时代。

4. 大数据与云计算、AI、IoT 的关系

大数据、云计算、AI 与 IoT，这四大技术相互交织，共同构成了现代信息技术的核心架构。在 IoT 的广阔领域中，处理海量数据的需求尤为迫切，而云计算则提供了强大的计算能力，满足了这一需求。云计算平台上的算法选择，直接决定了其性能表现，这正是 AI 发挥作用的地方。同时，AI 依赖于海量的历史与实时数据进行预测，凸显了大数据对于 AI 的关键性。随着数据的不断流入，AI 得以持续学习和提升预测精度。而 IoT 的海量节点和应用，则为 AI 提供了源源不断的数据来源。此外，通过 AI 的实时分析，IoT 应用能够助力企业优化运营，并通过数据挖掘发现新的业务机遇。简而言之，这四大技术相互依存，共同推动着信息技术的进步，为各行各业带来前所未有的发展机遇。图 2.6 描述了大数据和云计算、AI、IoT 之间的关系。

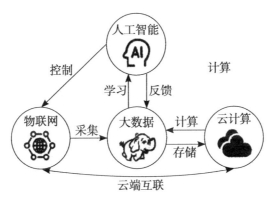

图 2.6　大数据和云计算、AI、IoT 之间的关系

综上所述，大数据、云计算、AI 与 IoT 各自扮演着不可或缺的角色。大数据致力于挖掘海量数据中的价值，云计算则优化 IT 资源，提升服务品质。AI 利用这些数据作出精准决策，而 IoT 则致力于实现物与物之间的连接，推动应用创新。简而言之，大数据是揭示价值的钥匙，云计算是提升效率的利器，AI 是决策的智慧之源，IoT 则是连接万物的桥梁。通过 IoT 收集的海量数据，借助云计算平台存储与处理，再运用大数据和 AI 技术进行深入分析，我们能更好地服务于人

类的生产活动，推动社会进步。

第四节 大数据技术

一、大数据发展现状分析

近年来，我国大数据产业持续蓬勃发展，应用日益广泛，已成为经济社会领域的重要焦点。随着网络技术的升级、居民消费需求的提升以及四化融合进程的加快，新技术、新产品、新内容、新服务及新业态层出不穷，进一步催生了新的消费需求。大数据作为提升信息消费体验的关键手段，已在多个行业领域得到广泛应用。下面从技术、应用和安全三个方面对当前大数据的发展现状进行梳理。

1. 大数据技术

大数据技术涉及大数据生命周期的各个阶段，Hadoop便是一个集合了大数据不同阶段技术的生态系统，作为Apache软件基金会旗下的一个开源分布式计算平台，为用户提供了系统底层细节透明的分布式基础架构，其核心组件包括Hadoop分布式文件系统（Hadoop Distributed File System，HDFS）和MapReduce（分布式计算框架）。Hadoop生态圈如图2.7所示。下面简要介绍各项与Hadoop生态圈相关的大数据技术。

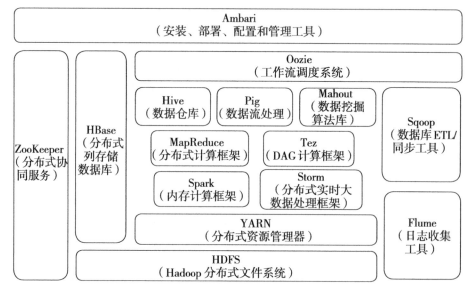

图 2.7 Hadoop 生态圈

（1）HDFS

HDFS 是 Hadoop 项目的两大支柱之一，源于谷歌文件系统的开源创新。HDFS 具备卓越的容错能力，能在硬件故障面前保持稳健运行，尤其适合于低成本通用硬件环境。它简化了文件一致性模型，并通过流式数据访问机制，为高吞吐量应用提供强大的数据访问能力。因此，HDFS 成为处理大型数据集应用的理想选择。

（2）MapReduce

Hadoop MapReduce 是针对谷歌 MapReduce 的开源实现。MapReduce 用于大规模数据集（大于 1 TB）的并行运算，它屏蔽了分布式计算框架细节，将计算抽象成 Map 和 Reduce 两个方法，并将其运行于廉价计算机集群上，完成海量数据的处理。

（3）YARN（Yet Another Resource Negotiator）——分布式资源管理器

YARN 是一个通用的运行时资源管理框架。作为下一代 MapReduce（即 MR V2），YARN 是在第一代经典 MapReduce 调度模型基础上演变而来的，主要是为了解决原始 Hadoop 扩展性较差、不支持多计算框架而提出的。

（4）ZooKeeper——分布式协同服务

ZooKeeper，作为谷歌 Chubby 的开源版本，旨在提供高效可靠的协同工作环境。它不仅涵盖了配置维护、域名服务、分布式同步及组服务等多样化功能，更是分布式应用构建的得力助手，大大简化了分布式应用间的协调任务。ZooKeeper 致力于将复杂且易出错的关键服务封装成简单易用的接口，为用户提供性能卓越、功能稳定的系统支持，助力用户轻松应对分布式应用中的各种挑战。

（5）HBase——分布式列存储数据库

HBase 是一款建立在 HDFS 之上的分布式数据库，以列式存储为特色，针对结构化数据提供高可靠、高性能的存储服务。作为谷歌 Bigtable 的开源版本，HBase 汲取其精髓，采用 HDFS 作为文件存储基础，并整合 MapReduce 技术，以高效处理海量数据。同时，借助 ZooKeeper 的协同服务，HBase 将数据存储与并行计算完美融合，展现出卓越的可伸缩性与可靠性。

（6）Hive——数据仓库

Hive 是一款基于 Hadoop 的数据仓库利器，旨在轻松处理和分析 Hadoop 文件中的海量数据集。它凭借类 SQL 的 HiveSQL（HQL）语言，将复杂的数据查询操作简化为易用的语句，进而将这些查询转化为高效的 MapReduce 任务在

Hadoop 上执行。Hive 特别适用于离线数据分析场景，为非 MapReduce 专家提供了便捷的数据查询分析途径，大大降低了大数据处理的技术门槛。

（7）Pig——数据流处理

Pig 作为一种数据流语言和运行环境，非常适合用于 Hadoop 和 MapReduce 平台上的大型半结构化数据集查询。Pig Latin 作为 Pig 的数据流语言，为 MapReduce 编程提供了抽象层，使 Hadoop 应用程序能够使用更贴近 SQL 的接口。此外，Pig 还简化了 Hadoop 的常规任务，包括数据加载、转换表达和结果存储，从而提高了开发效率和数据处理能力。

（8）Mahout——数据挖掘算法库

Mahout，作为 Apache 软件基金会旗下的开源项目，汇集了众多可扩展的机器学习经典算法，涵盖了聚类、分类、推荐过滤及频繁子项挖掘等多个领域。该项目致力于简化智能应用开发流程，让开发人员能够更轻松地构建智能化应用。值得一提的是，Mahout 还利用 Apache Hadoop 库，实现了向云端的高效扩展，进一步提升了其应用价值。

（9）Oozie——工作流调度系统

Oozie 作为一个高度可扩展的工作流体系，其核心功能在于协调多个 MapReduce 作业的执行，确保它们能够按照预定的逻辑顺序高效运行。它不仅能够管理复杂的系统，还能根据外部事件触发相应的工作流程。在 Oozie 中，工作流被组织成控制依赖有向无环图（Direct Acyclic Graph，DAG），其中的每个节点代表一个特定的动作，如 Hadoop 的 MapReduce 作业或 Pig 作业，从而确保整个流程的有序执行。

（10）Tez——DAG 计算框架

Tez 是一个计算框架，它继承了 MapReduce 的核心思想，但进一步细化了 Map 和 Reduce 操作。Map 被分解为 Input、Processor、Sort、Merge 和 Output 等步骤，而 Reduce 则细化为 Input、Shuffle、Sort、Merge、Processor 和 Output 等阶段。这些拆分后的操作具有极高的灵活性，能够自由组合以生成新的操作。通过控制程序的巧妙组装，这些操作可以构建出复杂的 DAG 作业，实现更高效的数据处理。

（11）Storm——分布式实时大数据处理框架

Storm，作为推特开源的分布式实时大数据处理框架，正成为大数据处理领域的新星，被誉为实时版的 Hadoop。面对网站统计、推荐系统、预警系统、金融高频交易等众多场景对 Hadoop 高延迟的无法忍受，大数据实时处理解决方案，尤其是流计算技术,正日益受到青睐。Storm作为流计算技术的领军者和主流选择,正引领着分布式技术的新一轮爆发,展现出巨大的应用潜力和市场前景。

（12）Spark——内存计算框架

Spark是一个Apache项目,被誉为"集群计算中的闪电侠"。它拥有活跃的开源社区,成为目前最热门的Apache项目之一。Spark提供了高效且通用的数据处理平台,与Hadoop相比,Spark程序在内存中运行时速度惊人地提升了100倍,即便在磁盘上运行也能实现10倍的速度飞跃,展现出其卓越的性能优势。

（13）Flume——日志收集工具

Flume是Cloudera公司提供的开源日志收集系统,由于其分布式架构、高可靠与高容错特性备受瞩目。它将数据的生成、传输、处理及最终存储抽象为流畅的数据流,从而简化了数据处理流程。在数据流中,Flume支持定制化的数据发送方,能轻松收集各种协议的数据。同时,它还具备对日志数据进行简单处理的能力,如过滤与格式转换,极大提升了数据的可用性。此外,Flume还能将数据写入各种可定制的数据接收方,为数据的多元化存储提供了可能。

（14）Sqoop——数据库ETL/同步工具

Sqoop（SQL-to-Hadoop）,旨在打通传统数据库与Hadoop之间的数据通道。它既能将关系型数据库(如MySQL、Oracle等)中的数据迁移到Hadoop的HDFS中,也能反向操作,将HDFS的数据导入关系型数据库。Sqoop借助数据库技术描述数据架构,并借助MapReduce的并行化与容错特性,实现高效稳定的数据传输。

（15）Ambari——安装、部署、配置和管理工具

Apache Ambari是一个支持Apache Hadoop集群的安装、部署、配置和管理的Web工具。Ambari目前已支持大多数Hadoop组件,包括HDFS、MapReduce、Hive、Pig、HBase、ZooKeeper、Sqoop等。

2.大数据应用

近年来,随着大数据技术不断迈向成熟,各行各业正纷纷拥抱其带来的变革与机遇。无论是工业、金融、餐饮、电信,还是能源、生物和娱乐业,社会各行各业都已经显现了大数据应用的痕迹。

互联网领域,大数据技术的应用正深刻改变着商业生态。通过对客户行为的精准分析,企业能够实现个性化商品推荐和定向广告投放,从而极大地提升了营销效果。在制造业,工业大数据的引入为提升生产效率和质量注入了新动力,从产品故障诊断到生产工艺优化,再到供应链分析,大数据正助力制造业迈向智能

化、高效化。在金融领域，大数据同样发挥着不可或缺的作用，尤其在高频交易、社交情绪分析和信贷风险评估等方面，大数据的应用使得金融创新步伐加快，金融服务更加智能化和精准化。生物医学领域，大数据在疾病预测、精准医疗以及健康管理等方面展现出巨大潜力，为人类的健康事业开辟了新的天地。此外，在智慧城市建设和能源利用领域，大数据同样发挥着举足轻重的作用，助力城市管理和能源利用更加智能化、高效化。可以说，大数据已经成为推动社会进步的重要引擎，引领着各行各业迈向更加美好的未来。

尽管大数据已在多个行业初露锋芒，但其应用效果和深度仍有待提高。目前，大数据应用仍处于初级阶段。预测未来、指导实践的深层次应用将成为大数据应用的发展趋势和重点。按照数据开发应用深入程度的不同，可将众多的大数据应用分为三个层次，即描述性分析应用、预测性分析应用和指导性分析应用，具体如图2.8所示。

图2.8 大数据应用的三个层次

当前，在大数据应用实践中，描述性和预测性分析应用占据主流，而指导性的深层次分析应用相对较少。随着应用层次的加深，计算机承担的任务日益复杂，但效率与价值也随之提升。然而，我们逐渐认识到，尽管深度神经网络在大数据分析中的应用虽取得显著成效，但基础理论尚不完善，模型缺乏可解释性，鲁棒性有待提升。当前指导性分析应用已在人机博弈等非关键领域取得良好效果，但在自动驾驶、政府决策、军事指挥、医疗健康等关键领域，其应用仍面临诸多挑战。这些领域与人类生命、财产、发展及安全息息相关。因此，要确保其在这些领域的有效应用，必须解决一系列基础理论和核心技术难题。展望未来，随着应用领域的不断拓展、技术的不断进步、数据共享开放机制的日益完善以及产业生态的成熟，预测性和指导性分析应用将具有更大的发展潜力。在后续章节中，我们将深入探讨大数据技术在教育、交通、商业等领域的具体应用，以期使读者对大数据应用有一个更全面、深入的了解。

3.大数据安全

大数据作为重要战略资源，其价值日益凸显，然而，其发展仍受到诸多制约。目前，数据治理体系尚不完善，数据资产地位尚未明确；数据确权、流通与管控等方面面临诸多挑战；数据壁垒问题普遍存在，阻碍了数据的共享与开放，限制了其价值的充分发挥。此外，法律法规的滞后性也增加了大数据应用中的安全与隐私风险。这些问题共同制约了数据资源中潜在价值的挖掘与转化，特别是隐私、安全与共享利用之间的矛盾问题尤为突出，亟待解决。

一方面，数据共享开放的需求十分迫切。近年来，AI 应用之所以能够取得显著进展，主要得益于对海量、高质量数据资源的深度分析和挖掘，从而实现对事物的多角度、全方位认知。然而，对于单一的组织机构而言，仅凭自身积累难以获取足够的高质量数据。单一系统或组织的数据往往只能反映事物的某一侧面或局部信息，难以形成完整的数据视图。因此，实现数据的共享开放与跨域流通至关重要，这是建立信息完整、全面数据集的关键所在，也是推动数据价值最大化的必由之路。

另一方面，无序的数据流通与共享亦潜藏巨大风险，可能严重侵犯个人隐私并威胁数据安全。因此，我们必须对数据流通与共享进行严格的规范和限制，以确保数据的安全可控和合规使用。我国在个人信息保护方面也开展了较长时间的工作，针对互联网环境下的个人信息保护，制定了《全国人民代表大会常务委员会关于加强网络信息保护的决定》《电信和互联网用户个人信息保护规定》《全国人民代表大会常务委员会关于维护互联网安全的决定》和《消费者权益保护法》等相关法律文件。特别是 2016 年 11 月 7 日，全国人大常委会通过的《中华人民共和国网络安全法》中明确了对个人信息收集、使用及保护的要求，并规定了个人对其个人信息进行更正或删除的权利。2019 年，国家互联网信息办公室发布了《数据安全管理办法（征求意见稿）》，向社会公开征求意见，明确了个人信息和重要数据的收集、处理、使用和安全监督管理的相关标准和规范。

同时，这些法律法规的实施也必然会增加数据流通的成本，降低数据综合利用的效率。因此，如何平衡发展与安全、效率与风险，确保在保障数据安全的前提下，不阻碍大数据价值的挖掘利用，成为当前全球数据安全领域共同面临的挑战。

二、大数据的发展趋势

展望未来五年，大数据市场仍将维持其稳健的增长态势。这得益于政府政策的扶持，以及 AI、5G、区块链、边缘计算等技术的迅猛发展。随着技术的深度融合和市场潜力的不断释放，大数据与各行各业的融合将为相关企业带来日益显著的价值和益处。大数据市场的核心机遇主要聚焦在实体企业对海量数据的处理和应用上，这将极大地推动数据存储设备、解决方案提供以及大数据分析、挖掘和加工等企业的蓬勃发展。经过多年的积累和尝试，中国在大数据基础设施建设方面已初具规模，数据的价值也日益受到重视。未来，数据治理、数据服务以及数据安全等领域将备受瞩目。因此，未来五年大数据软件和服务领域的支出将占据更大比重，而相关硬件市场也将保持稳定增长态势。

1.技术发展趋势

（1）数据分析领域快速发展。在数据处理过程中，数据分析的地位举足轻重，并有望在未来成为大数据技术的核心。大数据虽蕴含丰富价值，但价值的挖掘需依赖 IT 技术的深入探索，单纯的数据积累并不足以彰显其真正价值。随着产业应用层级的快速演进，如何揭示大数据中的潜在价值已成为市场及企业用户共同关注的焦点，进而推动大数据分析领域的迅猛发展。数据分析所得结果将广泛应用于大数据相关的各个领域，进一步促进大数据技术的深化发展，而这一切都与数据分析技术的持续进步密不可分。

（2）广泛采用实时性的数据处理方式。近年来，随着人们获取信息的速度急剧提升，大数据系统也需持续创新以满足这一需求。大数据强调数据的实时性，要求数据处理同样具备高效及时的特性。无论是在线个性化推荐、股票实时交易，还是路况动态分析，数据处理均需在极短时间内完成，以分钟甚至秒为单位。因此，未来实时数据处理将主导大数据技术的发展趋势，为其带来新的挑战与机遇。

（3）与云计算的关系愈加密切。云计算是 IT 资源的虚拟化展现，而大数据则是处理海量数据的利器。两者紧密相连，相互依存。云计算以其弹性可扩展的基础设施，为大数据提供了强大的支撑环境，并实现了数据服务的高效运作。同时，大数据也为云计算带来了全新的商业价值，推动着云计算技术的持续进步。目前，众多企业如亚马逊、谷歌和 IBM 等，都已推出基于云的大数据分析平台，如亚马逊的云数据 BI 托管服务、谷歌的 BigQuery 数据分析服务以及 IBM 的 Bluemix 云平台等。展望未来，随着云计算技术的不断成熟与完善，大数据技术也将迎来更为迅猛的发展。

（4）开源大数据商业化进一步深化。老牌 IT 厂商正在经历商业模式的转变，逐渐远离闭源软件在数据分析领域的领地，转向开源的怀抱。他们加强了专业服务和系统集成的投入，协助客户平稳过渡到开源的、面向云的分析产品。Hadoop 技术的迅猛崛起，便是开源大数据实现商业化的一个鲜明例证。

（5）大数据一体机将陆续发布。未来几年，数据仓库一体机、NoSQL 一体机等融合多项技术的一体化设备将迎来快速发展期。华为、浪潮等中国企业预计将在大数据一体机领域展现更大作为，推动技术融合与创新。

2. 产业发展趋势

目前，大数据产业已形成一定规模，并且上升到国家战略层面，技术和应用不断向纵深发展。云计算技术、大数据计算框架等面向大数据的技术不断涌现，新型数据挖掘方法和算法层出不穷，新模式、新业态更是不断涌现。传统行业亦纷纷借助大数据实现转型升级。展望未来，大数据产业将持续引领新一轮的科技革新和产业升级。

（1）大数据和实体经济深度融合。近年来，大数据与实体经济的融合日益紧密，其深度渗透至企业、行业和区域等多个层面，产生了深远的影响。例如，大数据与工业的深度融合，不仅推动了产业质量的提升和效益的增长，更引领工业向智能化、网络化、个性化和服务化等方向转型升级。在农业领域，大数据的深度融合则优化了农业生产管理，提升了农业产业的经济效益，推动了农业向精准化、全程追溯和网络化销售等方向融合升级。而在服务业，大数据的深度融合催生了众多新业态和新模式，促进了服务业的转型升级，推动了服务业向平台化、智慧化和共享化等方向融合升级。展望未来，大数据产业的发展层次将实现从企业级到行业级的深化，数据的价值和效能将得到更充分的释放。这将有力助推生产方式的创新、生产效率的提升以及商业模式的产业化，进而支撑实体经济的加速转型升级，为经济发展注入新的活力和动力。

（2）大数据与区块链融合发展。在公共管理层面，跨部门数据资源共享的实现能够显著缩短信息检索与处理所需时间，提高政府服务效率。区块链技术，以其不可篡改和可追溯的独特属性，在数据流通与共享方面发挥着举足轻重的作用。国家在对区块链的重要指导中强调，该技术有助于推动政府数据的开放与共享，为大数据在数据采集、管理、加工和分析方面提供有力补充。同时，在生产和服务领域，"区块链＋大数据"的融合将促进跨行业、企业间的数据共享，使人、设备、商业、企业与社会各方能更高效地协同工作。这种融合不仅降低了信任成本，还大幅提升了商业和社会运转的效率，加速了价值的流通，为整个社会带来了前所未有的变革与机遇。

（3）大数据在政府治理领域将得到广泛应用。《2018全球大数据发展分析报告》由天府大数据国际战略与技术研究院等联合发布，报告指出，政府在社会管理和服务中积累了高达70%的高价值数据，然而大量政务数据资源并未得到充分分析利用，未能释放"数据红利"。未来，政府大数据的发展将逐渐从"数据资产管理"向"大监管大服务"转变。在数据治理层面，政府将持续加强基础数据库、主题数据库、数据中台、大数据平台和数字资产管理的建设，并同步推进电子政务内外网、政务云等基础设施的建设。而在监管应用方面，城市数字平台（如城市大脑）、数字信用体系和应急管理系统等将成为重点，通过大数据的深度应用，全面提升政府在社会治理和市场监管方面的能力和水平。

第三章 ↘ 大数据时代的理解

第一节 大数据时代的概念

自 18 世纪中叶以来，科学技术飞速发展，三次技术革命相继发生，引领了人类社会的巨大变革。先是蒸汽机的改良开启了工业革命的序幕，人类迈入蒸汽时代；随后，电力与内燃机的广泛应用催生了第二次工业革命，电气时代应运而生；进入 20 世纪，微电子技术的崛起又引领了第三次科技革命，人类社会迅速步入信息时代。而今，我们正处在一个全新的时代转折点，大数据、IoT、云服务、移动互联网等新一代信息技术蓬勃发展，不仅重塑了商业模式，更在潜移默化地改变着人们的生活和思维方式，我们正阔步迈向一个更为广阔的大数据时代，一个充满无限可能与挑战的新纪元。

劳动工具，作为衡量生产力发展水平的关键指标，深刻反映了一个时代的核心特征。而大数据，作为新兴的劳动资料，对生产力的提升具有直接的推动作用，这也是大数据时代被誉为一个全新时代的原因所在。

在苏联经济学家尼古拉·康德拉季耶夫的经济大周期理论中，他观察到发达商品经济中存在着约 54 年的周期性波动。根据康德拉季耶夫周期理论，经过了理论中的第四个长波同第三次信息化科技革命相吻合之后，我们现在正处于第五次长波的开始阶段，因此，我们有理由相信人类社会即将迎来一场前所未有的科技革命。展望未来，一个崭新的时代正悄然来临，那就是数据化科技革命引领下的大数据时代。这一时代，将以数据为核心，驱动科技、经济乃至社会的深刻变革，开启全新的发展篇章。

数据，这一无形的力量，正深刻地影响着我们的日常生活。以网络购物为例，当我们浏览商品时，那些吸引人的推荐往往是根据大数据分析得出的、最有可能促成交易的选择。如今，数据已经渗透到各行各业，成为推动业务发展的关键因素。它的挖掘和应用预示着生产效率的新飞跃和消费者福祉的显著提升。事实上，大数据的应用早已悄然展开，只是在近年来随着互联网和信息技术的蓬勃发展，才引起了广泛关注。全球知名的咨询公司麦肯锡更是敏锐地捕捉到了这一趋势，率先提出了大数据时代来临的观点。无疑，我们正站在一个由数据驱动的新时代的起点，其潜力和影响力不容小觑。

大数据时代已至，数据成为不可估量的宝贵资产。云计算、IoT 等先进技术的崛起，为数据的利用铺平了道路。企业内部的经营信息、物流动态、网络上的交互记录以及个人的位置数据，均成为可见的资源。这些数据的有效运用，不仅影响着个人的日常选择，更直接关乎企业的战略决策乃至国家的治理智慧。盘活并充分利用这些数据资产，无疑将为我们的生活、工作乃至整个社会带来前所未有的变革与机遇。

我们认为大数据时代有三层含义。其一，用传统的数据仓库等分析工具挖掘处理大量的数据，用统计学等方法得出结论。这是大数据技术刚刚起步、大数据时代刚刚显现时，人们对大数据时代的初步认识。其二，用新的大数据技术对海量大数据进行处理、分析与预测，这仍只是大数据时代的浅层含义。其三，用大数据思维看待社会发展，用大数据技术推进社会的发展，对个人生活、企业发展、政府管理作出变革，对整个社会形态变革产生深远的影响。这才是大数据时代的真正含义。

第二节　大数据时代的特征

大数据科技的进步所带来的变化，会让整个时代都带有数据科技的特点。大数据时代，数据将会渗透进每一个行业，甚至每一项生产活动中，通过数据的手段对个人生活、生产活动、组织决策乃至社会走向产生推进作用。大数据时代以数据作为生产力提升的重要手段，利用这一新的生产元素，挖掘其内在价值，将生产力发展提升到一个全新的高度。

大数据时代有着一些小数据时代所没有的基本特征，可以总结为三点：一切都将被数据化、数据可以预测未来和数据的控制力是存在限度的。三者分别从数据化特征、预测性特征和数据所能达到的控制力度进行阐述。

一、一切都将被数据化

在人类的认知活动中，我们的眼睛、嘴巴和耳朵等器官扮演着至关重要的角色。它们受到外界的刺激后，通过神经冲动的方式将这些信息传递给大脑，从而让我们对周围的世界有了认识。而在数字时代，电脑也具备了类似的感知能力。摄像头、话筒和各类传感器分别扮演着电脑的眼睛、嘴巴和耳朵的角色。这些传感器检测到的电信号，处理后便成为我们所需的数据流。传感器技术的迅猛发展，极大地拓宽了我们的感知范围。以前，许多难以被人类感知和测量的现象，现在都可以借助传感器技术被准确地数据化。无论是气候的变化、海洋的气温和流向，还是室外空气质量的细微变动，传感器都能捕捉到并转化为数据。更令人惊叹的是，生物传感器甚至可以对细胞、细菌和病毒等微观世界进行检测。它们利用具有分子识别能力的生物活性物质，感受目标的变化，并通过信号转换器将这些变化转化为电信号，从而实现对微观领域的量化分析。通过这种技术，我们不仅可以检测人体的健康状态，还能分析人的情绪变化，形成心情指数。在大数据时代，传感器技术让一切问题都变得可量化，为我们打开了一扇通往新世界的大门。

大数据时代，数据化的技术手段为社会科学研究带来了前所未有的革新。曾经，信誉、名声、影响力等概念在社会科学中如同雾里看花，难以捉摸。但在今日，借助先进的技术手段，我们可以为这些无形的资产立下量化的标准，通过精确测量得出数值，让它们以直观的形式展现于世。通过数据挖掘分析的方法，让社会科学研究得以迈入数据化的新纪元。通过数据的深度剖析，我们能够得出更加精确、有依据的结论。例如，企业、大学的影响力排名、影响因子，电子商务门户网站的商家信誉等级，人们的幸福感指数变化规律等。更重要的是，非结构化数据的收集与挖掘分析为社会科学研究注入了新的活力。互联网社交平台上的海量信息，无论是文字、图片还是视频，都成为社会科学研究的宝贵资源。对这些非结构化数据的深入探索，必将推动社会科学的发展迈向新的高度。

量化的核心意义在于预测未来。通过对数据的深入量化分析，我们能够揭示出其中隐藏的规律，进而推导出未来的变化趋势。尽管精确预测未来几乎不可能，因为任何测量都难免存在误差，但大数据却能够为我们提供事件发生概率的预测。这种预测虽然不是确定答案，却能够为我们提供一个最优的选择方向。在一切皆可量化的基础上，大数据使得我们能够对任何事物进行短时间的可能性预测，这无疑是人类在预测未来问题上迈出的重要一步。

二、数据可以预测未来

预测，作为大数据技术的核心应用之一，深入挖掘了大数据的价值所在。它利用精心构建的模型，对未来的某些方面进行前瞻，并通过人为干预和引导，引领其发展走向，这正是大数据的最大意义所在。数据挖掘分析为预测未来开辟了新道路，并已被验证其真实有效性。谷歌流感预测与奥巴马的大数据团队，均是大数据预测能力的杰出代表，展现了大数据在解决实际问题上的巨大潜力。

大数据的一层含义是海量数据，然而，这些浩如烟海的数据并非全部具有价值，其中绝大部分甚至可以说是无意义的噪声。真正对我们有用的信息，就像微弱的信号，隐藏在大量的噪声之中，等待我们去捕捉。这些信号，或许能揭示未来的某种趋势或可能性，但要在噪声中筛选出它们，却是一项艰巨的任务。随着信息量的不断增长，噪声的比例也在逐渐增大，使得有用信号的提取变得更加困难。大数据虽然为我们开辟了一条窥探未来的道路，但同时，它的发展也在不断地使这条道路变得模糊难辨。然而，人类一旦踏上了这条道路，就不会轻易放弃。尽管噪声可能会让我们离真相越来越远，但我们相信，随着大数据挖掘技术的不断进步，我们定能牢牢地把握住这条通向未来的隧道，洞察未来的奥秘。

大数据，这条通向未来的道路，不仅揭示了事件的走向和发生，更展现出对人类行为的深刻预测能力。在数字化时代，人们乐于在社交平台分享生活的点滴，这些记录下来的数据，其实正是我们日常行为的写照。与法国数学家泊松的观点相背，艾伯特·拉斯洛·巴拉巴西教授提出，人类行为并非随机，而是遵循着幂律规律，这意味着人类行为在一定程度上是可以预测的。得益于大数据时代的强大数据收集和分析能力，我们现在能够更为精准地预测人类行为。无论是事件的发展轨迹，还是个体可能采取的行动，大数据都展现出了其前瞻性的洞察力。然而，这并不意味着大数据能够毫无限制地预测一切。尽管大数据的控制力范围广泛，但它仍有其局限性。在某些复杂或未知的领域，大数据的预测能力可能会受到限制。

三、数据的控制力是存在限度的

大数据的预测能力虽然强大，但也并非无所不能。以"黑天鹅"事件为例，它强有力地反驳了大数据的万能预测论。黑天鹅的存在，象征着那些出乎意料、难以预测的重大稀有事件，它们的出现往往能颠覆人们长久以来的固定认识和信念。这警示我们，不应过度依赖大数据的预测结果，因为任何预测都存在局限性和不确定性。大数据的预测能力主要集中在短期范围内，它能够根据现有数据和分析模型，为我们提供某种事件发生的可能性。然而，对于长远的未来变化，大数据的预测能力就显得捉襟见肘。那种能够准确预见未来长远变化的能力，或许只存在于传说之中。因此，我们需要清醒地认识到大数据的预测局限，不能盲目崇拜和依赖它。大数据给出的数值，其实只是对一件事情发生可能性的估计，它永远无法给出一个确定无疑的答案。在利用大数据进行预测时，我们应保持理性思考，结合实际情况和其他信息，作出更为全面和准确的判断。

列宁曾有过这样一段论述："人的认识不是直线（也就是说，不是沿着直线直行的），而是无限地近似于一串圆圈、近似于螺旋的曲线。这一曲线的任何一个片段、碎片、小段都能被变成（被片面地变成）独立的完整的直线，而这条直线能把人们……引到泥坑里去……" 列宁的比喻非常形象，历史的发展亦是如此，看似有迹可循，实则曲折迂回。大数据的预测能力正是在这样的"片段直线"中发挥作用。当时间片段越短，数据的线性特征越明显，预测的准确度也就越高。然而，大数据毕竟是对既定事实的挖掘与分析，它无法完全预见未来中可能出现的随机性事件，如那些颠覆常识的"黑天鹅"。随着时间的推移，随机事件发生的概率逐渐增大，大数据的预测能力也就更易受到干扰。因此，尽管大数据为我们提供了宝贵的预测工具，但我们仍需保持清醒的头脑，理性看待其局限性，结合实际情况作出明智的决策。

大数据的预测能力虽强大，但并非万能。在短期、规律明显的事件预测中，大数据的确能够展现出强大的预测能力。然而，当涉及长远、大方向的未来演进时，其预测结果的可靠性便大打折扣。毕竟，大数据擅长的是基于已有数据的预测，而非预言。因而我们应理性看待其预测能力，善用其对短期事件的预测，指导我们的决策和行动，从而推动社会进步。切不可迷信大数据，将其神化，否则只会本末倒置，因追求虚无而迷失方向。事实上，大数据的应用范围虽广，涵盖事件、人类行为等诸多领域，但预测的有效性随时间推移逐渐减弱。随机性事件的出现，甚至可能直接推翻所有预测结果。因此，在利用大数据进行预测时，我们应保持警惕，结合实际情况进行综合判断。

第三节　大数据时代的数据思维

在大数据时代，人们生活在无数的数据流中。数据开始影响并改变着人们的生活，同时对人们的思维方式也有着潜移默化的改变。这种在大数据时代背景下产生的数据思维也可称为大数据思维。

一、大数据思维的内容

在大数据浪潮的席卷下，传统的计算中心理念正在逐步被数据中心的思维所替代。这一变革不仅深刻影响着我们的学习、生活和工作方式，更在思维层面引发了彻底的革命。人类的思维活动，历来是生产生活活动的先导，而它自身的发展亦受到自然与社会环境的深刻影响。如今，先进的数据科技正重塑着我们的生产生活方式，同时也极大地塑造了人类的思维方式。这种影响不仅体现在方法和工具上，更在于它极大地提升了人类的认知能力和准确性。大数据思维的全方位落实，为人类带来了前所未有的机遇与挑战，预示着一场深刻的变革。这场变革不仅局限于数据本身，更在于它将引领我们从大数据走向大社会，重塑我们看待世界的方式。大数据时代已呼啸而至，势不可当。在这场变革中，旧有的观念和模式正在逐渐消散，而大数据将以其独特的力量，重塑整个社会和人类的认知世界，引领我们进入一个新的数据思维时代。

维克托·迈尔·舍恩伯格指出，数据思维在处理数据时需经历三大转变。

第一个转变，在大数据时代可以分析更多的数据，甚至是与之相关的所有数据，而不再依赖于采样。过去，社会科学研究社会现象时，往往依赖抽样来获取数据，这实际上是一种人为设定的限制。然而，在信息技术的推动下，我们得以窥见全貌，使用所有数据能带来更深刻、更全面的认识。数据的丰富性使我们能够发现样本所无法揭示的细节，更准确地把握社会现象的真实面貌。

第二个转变，不再追求精确度。与银行、电信等行业需要精确计算不同，社会计算更多是对社会动态的反映。当我们拥有海量即时数据时，不必过分追求每一个数据的精确性，反而能在宏观层面获得更好的洞察力。这种思维方式的转变，使我们能够更灵活地应对复杂多变的社会现象。

第三个转变，不再热衷于寻找事物间的因果关系，而应该寻找事物之间的相关关系。在社会科学中，因果关系往往是概率性的，只能研究原因的结果，而无法解释结果的原因。因此，我们更应关注相关关系，它虽然不能准确说明社会现象发生的原因，但却能揭示其发展过程，为我们提供更丰富的信息和启示。

以上是维克托·迈尔·舍恩伯格的观点，他从不采样、结论模糊、注重相关关系三个角度来区别数据思维与传统思维。而我们认为，大数据时代的数据思维应该包括分析整体、不追求精确、研究相关关系与及时删除信息垃圾，分别对应着不依赖采样、结论模糊、注重相关关系与学会遗忘四个角度。

1. 分析整体

随着大数据时代的来临，我们已具备收集和处理海量数据的能力。如果仍坚持用少量数据进行分析，那无疑是一种资源浪费。在大数据背景下，增大样本的随机性远比分析所有数据更为棘手。因此，直接以全体数据作为样本进行分析，更能带来多样化且高准确性的结果。

如今，我们无须再通过"以小见大"的方式来窥探世界。相反，我们能够直接收集和处理事件产生的所有信息和数据，这为"以小见大"提供了坚实的基础。同时，我们已拥有研究事物间关系的有效途径——相关关系研究。既然有能力深入细节进行分析，那么自然应该更多地关注全体数据和那些更微妙的细节。这样，我们才能在大数据的海洋中，捕捉到更多有价值的信息，为决策提供更全面的依据。

2. 不追求精确

大数据时代的到来，源于数据科技的巨大进步，使得我们有能力储存、传输、处理和分析规模庞大的数据。然而，令人惊讶的是，这些数据中仅有5%是结构化数据，适用于传统的数据库。剩余的95%则是非结构化数据，这些在传统数据库中是无法被有效利用的。传统的数据库追求精确性，但在大数据时代，这种追求显得过于狭隘。如果我们坚持要求数据的完美精确，那么意味着我们只能研究那5%的数据，剩下的95%则会被束之高阁。这显然无法称为真正的大数据时代。因此，大数据时代不是追求精确，而是接受混杂。

事实上，当数据量达到一定规模时，要求所有数据都精确无疑是不现实的。这时，我们需要数据库、算法等处理方式能够容忍错误。在海量数据的冲刷下，个别错误对于最终结果的影响微乎其微。大数据的魅力就在于它能够容纳错误，甚至在错误中找到有价值的信息。除了错误，大数据时代还能容纳混乱。互联网中的信息格式多样，对同一事物的表达可能有成千上万种。要研究这样的事物，就必须接受这种多样性。这种接受混杂的态度，正是大数据时代的特色。它表现为数据的种类繁多和高容错率，使得我们能够在海量的数据中发掘出有价值的信息。

3. 研究相关关系

相关关系的思维方式，如今正成为我们解释和改变世界的新工具。这种思维方式的崛起，为我们的科学研究、日常生活以及企业和政府的运作带来了革命性的变革。在大数据的时代背景下，数据间所揭示的相关关系让我们能够将那些看似毫无联系的事件紧密地联系在一起。这种联系，虽然并不涉及因果关系，却实实在在地存在着。它打破了行业间的壁垒，让"隔行如隔山"的传统观念变得不再那么绝对。

相关关系的兴起，是科学技术发展到现阶段的必然产物。然而，这并不意味着我们应该完全放弃对因果关系的探索。毕竟，因果关系构成了科学理论体系的基石，是推动科技不断进步的重要动力。相关关系和因果关系，应当被视为两种不同的研究方法，它们各自在不同的领域和研究中发挥着重要的作用。大数据科技的进步为相关关系的研究提供了强有力的支持，而相关关系的研究也反过来推动了大数据时代的发展。在大数据时代，我们更应该积极地发掘和运用相关关系的潜力，为科学研究和社会进步开辟更加平坦的道路。

4. 及时删除信息垃圾

大数据时代使人类对记忆的认识有了颠覆性的变革。过去，我们不断努力，希望我们的记忆可以更加长久一些，尽力地延长我们的记忆时间。大数据时代的到来，可以将记忆永久保存，这解决了人类过去希望延长记忆的问题，但也给人们带来了新的困扰和难题。巨大的信息量使得我们深陷于纷繁杂乱的信息中，更难将有效的信息提取出来，虽然庞大的信息量可能包含更多的有效信息，但超强的记忆并不能代表我们拥有超强的学习能力，在大量记忆下来的信息中，提取有效的信息，将其整理分析出有效的结果才是我们最终需要的学习能力。除了有效的信息外，剩下的信息垃圾应当将其彻底遗忘，才不会对我们产生困扰和阻碍，因此，在大数据时代，如何将有效信息提取并记忆，将大量无效的或者过时的信息删除并遗忘，是我们应当考虑的一大问题。

二、大数据思维变革的方向

前文提到大数据时代的数据思维应该包括分析整体、不追求精确、研究相关关系与及时删除信息垃圾，这也是大数据时代思维方式的重要变革。根据这些变化，可以发现大数据思维方式变革的总体方向，包括预测性、模糊性和复杂性。

1. 预测性

大数据时代为我们带来了海量的数据和强大的数据分析技术，它们相互交织，孕育出了我们最为珍视的能力——预测。这种预测能力，无疑是大数据赋予我们的最宝贵的礼物。IoT 的兴起，让身边的每一个物体都变成了数据源，它们的动态、变化都在不断产生庞大的数据流，汇入计算机的监控体系之中。而云计算技术，则以其强大的数据处理能力，对这些数据进行深入的分析和挖掘。通过这些分析，我们不仅能够精准地把握事物的现状，更能对其未来的发展趋势进行预测。

尽管我们尚不能完全掌控未来，但在大数据的助力下，我们已经能够对事物的进一步发展进行预测。这种预测能力正在各行各业中展现出巨大的潜力，并迅速得到广泛应用。它带给我们的是思维上的前瞻性和预测性的变化趋势，让我们能够更好地把握未来，迎接挑战。

大数据不但可以预测事物的发展状况，甚至连人类行为也可以进行预测。美国的艾伯特·拉斯洛·巴拉巴西教授在其著作《爆发》中指出，高达 93% 的人类行为其实是可以预测的。这一观点颠覆了过往科学家们对人类行为随机性、偶然性的认知。法国数学家西莫恩·德尼·泊松曾在研究中提出，陪审员犯错的概率是可以通过泊松分布来预测的，前提是假设人类行为完全随机。然而，事实上，这一假设并不成立。人类行为远比随机性复杂得多。艾伯特·拉斯洛·巴拉巴西教授的研究为我们揭示了这一点。他深入分析了人们的电子邮件发送和网页浏览习惯，发现人类行为其实更符合幂律分布。这种分布表明，我们往往习惯于拖延处理某些事情，直到最后一刻才集中爆发式地完成。巴拉巴西教授的研究不仅挑战了传统观点，也为我们理解人类行为提供了全新的视角。因此，泊松分布并不能准确预测人类行为，而幂律分布则为我们揭示了人类行为的真实面貌。比如，我们日常在网上的每一条状态更新，或是全球定位系统（Global Positioning System，GPS）记录的每一次行程，这些看似琐碎的数据，经过非结构化数据分析的提炼，再经由人类行为预测模型的精细处理，竟然能够揭示出我们行为的规律。这意味着，人类的大部分行为，并非不可捉摸，而是可以在大数据的助力下被精准预测。

"数据可以看到未来"，这点毋庸置疑，然而预测并非预言。大数据的预测能力受限于短期内的因素变动，这种限制让我们明白，大数据并非万能。即便如此，大数据已经为人类开启了一扇通向未来的窗户。在它的指引下，我们不再盲目摸索，而是能够站在更高的视角眺望前方的道路。这种转变对于人类来说意义重大，它让我们对未来不再感到迷茫和无助。通过大数据分析，我们能够推测未来的走向，这是人类思维方式的一次重大变革，引领我们向着更加明晰的未来进发。

2. 模糊性

世界纷繁复杂，许多事物并不能精确诠释。过去，受限于科技水平，我们误以为这是精度不足所致；如今，随着认知的深化，我们明白事物本身就带有模糊性，精确手段难以全面解读。模糊数学的崛起，正是这一认知转变的明证。进入大数据时代，模糊性事物愈发显现，我们的思维方式亦需从精确性转向模糊性，以更好地适应并推动科技与社会的发展。这种转变，不仅是认知的进步，更是对未知世界的更深探索。

大数据的模糊性，源于其内在的混杂与错误。在大数据的时代，我们不再过分追求精确，而是接受并包容这种模糊性。因为大数据的"大"已经为我们解决了诸多难题，其海量的信息足以弥补精确性的缺失。这种转变，也促使我们的思维方式发生革命性的变革。过去，我们习惯于对事物进行简单的定性分析，但在大数据的浪潮下，这种方式已显得力不从心。相反，学会用概率和数据说话，成为我们适应新时代的必备技能。虽然这种转变可能需要一段时间来适应，但无疑是我们未来进步的重要方向。此外，大数据的模糊性还体现在数据的生长性上。在大数据时代，数据不再是静止不变的，而是时刻在生成、演变，呈现出动态性。这种动态性使得我们无法简单地对其进行精确定性。相反，我们需要借助模糊和概率的方式来表达数据，以捕捉其内在的复杂性和不确定性。因此，我们的思维方式也必将随之变得更加模糊和灵活，以适应这种数据的动态变化。

3. 复杂性

大数据时代，相关关系的研究颠覆了传统的线性因果关系思维模式，它跨越了传统科学研究方法的局限，成功地在看似毫无关联的事物间探寻到了一种隐性的联系。这种方法的崛起，无疑是对传统机械思维和还原方法论的一次重大挑战，它宣告了一个新时代科学研究范式的到来。复杂性科学，作为一种全新的研究视角，主张一切对象都是具有生命力和演化能力的系统。即便是最简单的几个要素，通过非线性的相互作用，也可能产生令人惊奇的复杂行为。这种非线性相互作用，使得我们不能再简单地依赖因果关系去预测或解释系统的行为。大数据时代的相关关系研究，正是对这一理念的最佳实践。它通过对海量数据的深入挖掘和分析，揭示出事物之间复杂的相互作用关系，为复杂性科学的研究提供了强有力的支持。同时，这种研究方法也深刻影响着人类的思维方式，使我们逐渐认识到，世界并非由孤立的个体简单组成，而是一个相互关联、错综复杂的系统。

大数据时代，思维方式的复杂性变革日益显著。我们不再仅仅将世界视作静态的复杂系统，而是深刻认识到这一系统本质上是动态的、时刻在演进的。过去的数据，受限于采集技术，往往是静态的、有时滞的。然而，在大数据时代，数据呈现出鲜活的动态特征，随时随地都能捕捉到瞬息万变的实时信息，直接映照出世界的当下动态与行为。更值得一提的是，数据的采集、存储、传输、处理和使用变得前所未有的便捷，使得我们能够轻松获取最新数据，紧跟时代的步伐。

在大数据时代，数据的动态变化监测能力赋予我们更深入探究世界发展变化的能力。研究的方向日益明确，我们致力于将复杂多变的世界清晰还原于脑海之中。这一时代，复杂性与动态性成为思维的新标杆，人们的思考方式也随之展现出复杂性的变化趋势。

大数据，这一名词已深入人心，其分析、处理技术亦在近年迅猛进步。其实，"大"只是相对的概念。回顾过往，无论是数据库、数据仓库还是数据集市，这些信息管理领域的核心技术，其初衷与目的都是应对和处理那些海量、难以预测的数据挑战。

大数据之所以成为当下新兴热点，其背后离不开互联网、云计算、移动技术和 IoT 的飞速进步。这些技术的崛起，使得移动设备、射频识别（Radio Frequency Identification，RFID）、无线传感器等先进设备无处不在，它们无时无刻不在产生海量数据。与此同时，数以亿计的用户在互联网服务中频繁交互，产生的数据量更是惊人。这些数据不仅规模庞大，增长速度也极为迅猛，给数据处理带来了前所未有的挑战。业务需求和竞争压力对数据处理提出了更高的实时性和有效性要求，传统技术手段显然已无法满足这些需求。

为了应对这一挑战，技术人员积极研发并采用了一系列新技术，如分布式缓存、基于大规模并行处理（Massively Parallel Processing，MPP）的分布式数据库、分布式文件系统以及各类 NoSQL 分布式存储方案等。这些新技术的出现，为大数据的处理提供了有力支持，帮助我们更好地应对数据洪流，发掘其中的价值。

第四章 ↘ 大数据应用的流程和价值

第一节 大数据应用的业务流程

数据处理流程涉及数据的产生、收集、存储、管理、分析及利用等多个阶段，形成完整闭环。大数据应用的业务流程同样涵盖这四个核心环节，即数据的产生、聚集、分析与利用，但这一过程在高效的大数据平台和系统上才得以实现，确保数据处理的高效性与精准性。

一、产生数据

在组织经营、管理和服务的业务流程运行中，企业内部业务和管理信息系统产生了大量存储于数据库中的数据，这些数据库相互独立，且不同的数据对应着不同应用系统，如 ERP 数据库、财务数据库、CRM 数据库以及人力资源数据库等。在企业内部的信息化应用生成了非结构化文档、交易日志、网页日志、视频监控文件、各种传感器数据等非结构化数据，这是在大数据应用中可以被发现潜在价值的企业内部数据。此外，企业建立的外部电子商务交易平台、电子采购平台、客户服务系统等帮助企业产生了大量外部的结构化数据。企业的外部门户、移动 App 应用、企业博客、企业微博、企业视频分享、外部传感器等系统帮助企业产生了大量外部的非结构化数据，这些数据同样具有重要价值。

二、聚集数据

企业架构（Enterprise Architecture，EA）的三个核心要素是业务、应用和数据，业务架构描述业务流程和功能结构，应用架构描述处理工具的结构，数据架构描述企业核心的数据内容的组织。企业内外部已经产生了大量的结构化数据、非结构化数据，需要将这些数据组织和聚集起来，建立企业级的数据架构，有组织地对数据进行采集、存储和管理。首先实现的是不同应用数据库之间的整合，这需要建立企业级的统一数据模型，实现企业的主数据管理。所谓主数据是指企业的产品、客户、人员、组织、资金、资产等关键数据，通过这些主数据的属性及它们之间的相互关系能够建立企业级数据架构和模型。在统一模型的基础上，利用提取、转换和加载技术，将不同应用数据库中的数据聚集到企业级的数据仓库（Data Warehouse，DW），进而实现企业内部结构化数据的集成，这为企业商业智能分析奠定了一个很好的基础。面对企业内外部的非结构化数据，借助数据库和数据仓库的聚集，效果并不好。文档管理和知识管理是对非结构化文档进行处理的一个阶段，仅限于对文档层面的保存、归类和基于元数据的管理。更多非结构化文档的集聚，需要引入新的大数据的平台和技术，如分布式文件系统、分布式计算框架、非 SQL 数据、流计算技术等，通过这些技术来加强非结构数据的处理和集聚。内外部结构化、非结构化数据的统一集成则需要实现两种数据（结构化、非结构化）、两种技术平台（关系型数据库、大数据平台）的进一步整合。

三、分析数据

集成起来的企业各种数据是大容量、多种类的大数据。分析数据是提取信息、发现知识、预测未来的关键步骤。需要注意的是，分析只是手段，并非目的。企业内外部数据分析的目的是发现数据所反映的组织业务运行的规律，是创造业务价值。对于企业来说，可以基于这些数据进行客户行为分析、产品需求分析、市场营销效果分析、品牌满意度分析、工程可靠性分析、企业业务绩效分析、企业全面风险分析、企业文化归属度分析等；对于政府和其他事业机构，可以进行公众行为模式分析、经济预测分析以及公共安全风险分析等。

四、利用数据

数据分析的结果，不仅仅呈现给专业做数据分析的数据科学家，而且要呈现给更多非专业人员，这样才能真正发挥它的价值。客户、业务人员、高管、股东、社会公众、合作伙伴、媒体、政府监管机构等都是大数据分析结果的使用者。因此，应当根据不同专业角色、不同地位人员对数据表现的不同需求，将大数据分析结果提供给他们。可以是上报的报表、提交的报告、可视化的图表、详细的可视化分析或者简单的微博信息、视频信息。数据被重复利用的次数越多，它所能发挥的价值就越大。

第二节　大数据应用的业务价值

维克托·迈尔·舍恩伯格深刻洞察了大数据的核心价值，他认为，大数据的关键在于通过数据驱动的相关关系分析，预测未来趋势。在商业世界中，快速捕捉"是什么"比深究"为什么"更具现实意义。大数据应用的核心不在于依赖直觉或经验，而是"让数据发声"。其业务价值主要体现在三方面：一是发现过去没有发现的数据潜在价值；二是发现动态行为数据的价值；三是通过不同数据集的整合创造新的数据价值。

一、发现大数据的潜在价值

在大数据的浪潮下，企业开始重新审视那些曾被忽视、遗弃或难以处理的数据，深入挖掘其中隐藏的宝贵信息与知识。这些数据，如用户浏览日志、呼叫中心投诉反馈等，在以往并未得到足够的重视。然而，通过大数据分析，它们展现出惊人的价值。企业能从中洞察客户需求，深化客户关怀；能据此优化产品创新，满足市场新需求；更能制定精准的市场策略，提升竞争力。大数据不仅让企业数据焕发新生，更为企业打开了通往客户心声的窗户，为企业的未来发展提供了强大的数据支撑。

二、发现动态行为数据的价值

以往的数据分析主要局限于静态的流程结果和属性描述，但在大数据应用的时代背景下，企业已能够全面采集、获取和分析业务流程中的各类行为数据。这些行为数据涵盖客户、公众、企业、城市、空间和社会等多个层面。其获取依赖于互联网、IoT、移动互联网等先进的信息基础设施，通过这些设施实现了对客观对象行为的精准跟踪与记录。这一转变不仅赋予了大数据应用还原"历史"的能力，更让其具备了预测未来的潜力，为企业决策提供了更为全面、深入的数据支持。

三、实现大数据整合创新的价值

在互联网和移动互联网的新时代，企业正汇聚来自网站、电商、移动应用、呼叫中心、企业微博等多渠道的客户数据，这些数据涵盖访问、交易与反馈，共同编织出客户的全景画像。这样的整合不仅提升了服务的个性化与贴心度，更助力企业精准满足客户需求。技术的日新月异让数据连接更为广泛，无论是内外数据、线上线下服务，还是网络与社交空间的融合，不同数据源间的连接与互动正激活数据的深层价值。这种连接不仅产生网络效应，更使我们能更全面、更深刻地洞察复杂多变的现实。在数据的世界里，每一次连接都是对真实世界的一次深刻解读，每一次互动都为我们打开了一个全新的视角，让我们能更精准地把握现在、预测未来。

第三节　不同行业大数据应用的价值

大数据已成为全球商业界的战略重心，其深远影响正重塑着新经济时代的商务格局。大数据已应用于各行各业，尤其在公共服务领域展现出广阔前景。政府、金融、零售、医疗等行业均通过大数据挖掘价值，提升效率，预示着大数据将成为推动社会进步的重要力量。

一、互联网与电子商务行业

互联网和电子商务领域是大数据应用的主要领域，主要需求是互联网访问用户信息记录、用户行为分析，并基于这些行为分析实现推荐系统、广告追踪等应用。

1. 用户信息记录

在 Web 3.0 与电子商务蓬勃发展的当下，互联网、移动互联网及电子商务平台的用户主体多为注册用户。通过简单的注册流程，用户便能拥有自己的个人账户，而互联网企业则能获取用户的基本资料信息。这些资料通常包括用户名、密码、性别、年龄、移动电话及电子邮件等。而在社交媒体平台上，用户所分享的信息则更为丰富。以新浪微博为例，用户可以详细填写自己的昵称、头像、真实姓名、所在地等基本信息，还能分享自己的生日、自我介绍、用户标签，甚至教育信息和职业信息。微信或 QQ 客户端也提供了丰富的个人信息填写选项，如头像、昵称、个性签名等，甚至包括血型、生肖等更为私人的信息。由于移动互联网用户的信息与手机紧密绑定，企业能够获取用户的手机号、手机通信录等敏感信息。此外，互联网用户在上网过程中会留下大量个人信息，如朋友圈中展示的家庭状况、妻子、儿女、个人爱好以及同学、同事等。这些信息被互联网企业不断收集、整理，使得用户数据库中的信息越来越完整。这种趋势不仅为企业提供了更精准的用户画像，也为用户带来了更个性化的服务体验。

2. 用户行为分析

用户访问行为的分析是互联网和电子商务领域大数据应用的重点。用户行为分析可以从行为载体和行为效果两个维度进行分类。从用户行为的产生方式和载体来分析用户行为主要包括如下几点。

（1）鼠标点击和移动行为分析。在移动互联网崛起之前，用户与互联网的交互主要依赖鼠标。因此，鼠标点击和移动轨迹的分析对于理解用户行为至关重要。许多大型公司都拥有自己的系统来追踪和统计这些细微的鼠标动作，而国内众多第三方统计网站也为中小网站和企业提供了此类服务，帮助他们捕捉并解读用户的鼠标移动轨迹。

（2）移动终端的触摸和点击行为。随着多点触控技术在智能手机上的普及，移动终端的触摸和点击行为变得愈发复杂，因此记录和分析这些行为变得至关重要。

（3）键盘等其他设备的输入行为。键盘等输入设备也扮演了重要角色，特别是在需要输入大量内容的场景中。尽管键盘的输入行为本身不是分析的重点，但键盘产生的内容却是大数据内容分析的核心。

（4）眼球移动和停留行为。在国外，基于用户眼球移动和停留等行为的分析已经备受推崇，而在我国，多个领域也开始尝试运用这一研究。通过深入分析用户的视觉焦点，产品设计师能够直观地洞察哪些界面元素最受用户关注，进而判断设计元素的合理性。

基于以上这四类媒介，用户在各类产品上展现出丰富多样的行为模式。对这些行为数据进行详尽的记录与分析，不仅有助于指导产品开发，更能优化用户体验，让产品更加贴近用户需求。

3. 基于大数据相关性分析的推荐系统

Amazon 等电子商务巨头通过建立推荐系统，实现了大数据在互联网与电商领域的重要应用。这一系统利用用户行为数据的相关性分析，为用户推荐相关商品，极大地提升了购物体验与消费转化率。在 Amazon、当当网等电商平台上，推荐系统已成为收入的重要来源，其贡献甚至占据了近 1/3 的营收。

推荐系统的核心在于对用户购买行为数据的深度挖掘。处理这些数据的基本算法，在学术领域被称为"客户队列群体的发现"。通过链接表示的逻辑和图形，对队列群体进行深入分析，涉及一系列特殊的链接分析算法。推荐系统的分析维度相当丰富。它不仅能根据客户的购物喜好推荐相关商品，还能结合社交网络关系，为用户提供更加个性化的推荐服务。相较于传统的分析方法，推荐系统无须先选取客户样本进行对比，而是直接通过大数据分析技术，实现更精准、更高效地推荐。这不仅大大提高了分析的准确率，也为电商企业带来了更为可观的商业价值。

4. 网络营销分析

电子商务网站通常会记录每一次用户会话中每个页面事件的海量数据，从而能够在极短时间内对广告的位置、颜色、大小、用词等特征进行试验。当这些试验表明某一特征的调整能够提升用户的点击率时，企业可以立即实施这一优化。不仅如此，通过深入的用户行为分析，企业还能洞悉用户的偏好，进而为广告投放选择最佳时机。例如，对微博用户的分析表明，用户在早上上班途中、午饭时间、晚饭时间和睡前这四个时间点最为活跃。企业可根据这些行为模式，在相应的时间段投放更具针对性的内容，提升推广效果。

病毒式营销，凭借其口碑传播的特性，在社交网络上迅速蔓延，成为一种高效的信息传播方式。然而，对病毒式营销的效果进行深入分析同样重要。这不仅能及时反馈营销信息传播所带来的效果，如网站访问量的增长，还能揭示营销计划中存在的问题，为改进提供思路。通过不断积累这些经验，企业能够更好地规划下一次病毒式营销，实现更好的传播效果。

5. 网络运营分析

电子商务网站运用大数据分析，深入剖析用户消费与贡献行为，量化诸如转化率、客单价、购买频率及平均毛利率等关键指标。这些数据不仅助力于产品生产和营销的各个环节，更能为产品客户群定位和市场细分提供坚实的数据支撑。

6. 社交网络分析

社交网络系统（Social Networking Services，SNS）中，社交关系纷繁复杂，主要可分为三类：一是强关系，即我们紧密关注的人；二是弱关系，即那些与我们联系较为松散的人，如同朋友的朋友；三是临时关系，即那些我们并不熟悉，但在某些特定场合产生短暂互动的人。这种临时关系，尽管未得到双方的明确承认，却在 SNS 中频繁出现，如临时的评论回复等。大数据分析则是一把钥匙，能够深度挖掘这些复杂行为，为互联网企业绘制出详尽的用户关系图谱，无论是强关系、弱关系还是临时关系，都一目了然。

7. 基于位置的数据分析和服务

许多互联网应用现已融入精准的 GPS 位置追踪功能，这一技术不仅实现了对特定地点的精确追踪，更为采集、处理和分析周边海量相关数据提供了有力工具。由此，基于位置的应用和服务得以不断丰富，为用户带来了更多便利与体验。

二、零售业

目前，零售行业大数据应用的核心需求聚焦于客户行为分析，旨在通过深入的数据挖掘来优化货架商品布局及提升客户营销效果。在这方面，沃尔玛以其卓越的大数据应用实践，成为零售业的典范与标杆。

1. 货架商品关联性分析

沃尔玛基于一个庞大的客户交易数据库，对顾客购物行为进行分析，了解顾客的购物习惯，发现其中的共性规律。两个著名的应用案例是："啤酒和纸尿裤的关联销售"和"手电筒和蛋挞的关联销售"。沃尔玛的大数据分析发现，啤酒和纸尿裤摆放在一起销售的效果很好，背后的原因是年轻爸爸一般在买纸尿裤的时候，要犒劳一下自己，买一打啤酒。另一个是手电筒和蛋挞的案例，沃尔玛的大数据分析显示，在飓风季，手电筒和蛋挞的销量数据都很高。基于这些发现，沃尔玛巧妙地将这些商品摆放在一起，不仅提升了销量，更让顾客感受到了贴心的购物体验。

2. 精准营销

零售企业深谙客户分类的重要性，他们依据顾客购买行为的交易数据，巧妙地将客户群划分为品质型顾客、友善型顾客和理性顾客。这种分类不仅有助于企业更全面地了解顾客需求，更能针对性地推荐产品，提升销售额。沃尔玛实验室更是走在了大数据分析的前沿，他们不仅关注顾客在店内的购买行为，还深入挖掘顾客的社交数据。通过分析 Facebook 上的隐藏好友喜好和 Twitter 上的发布内容，沃尔玛得以发现顾客的爱好、生日、纪念日等信息，进而进行精准的礼品推荐，实现智能销售。

一个典型的零售业大数据分析用于精准营销的案例是，美国折扣零售商塔吉特著名的顾客怀孕预测。他们通过大数据分析顾客购买行为，成功预测出孕妇这一黄金顾客群。塔吉特发现，购买无刺激性化妆品和经常补钙的顾客很可能是孕妇。于是，他们向这些顾客发送孕妇产品广告，并夹杂一些促销品广告。尽管偶尔有误判，但整体而言，这种精准营销方式取得了显著成效。

三、金融业

金融行业应用系统的实时性要求很高，积累了非常多的客户交易数据，因此金融行业大数据应用的主要需求是客户行为分析、金融风险分析等。

1. 基于大数据的客户行为分析

（1）基于客户行为分析的精准营销。招商银行深度挖掘客户行为数据，涵盖刷卡、存取款、电子银行转账乃至微信评论等多元信息，每周精准地推送个性化广告，确保顾客接收到最感兴趣的产品与优惠详情。而花旗银行在亚洲拥有庞大的数据分析团队，并在新加坡设立创新实验室，致力于大数据的深入探索。其研究范畴已超越传统金融营销，以信用卡交易记录为例，新加坡花旗银行能够为消费者提供高度定制化的商家和餐厅优惠推荐。消费者一旦订阅该服务，每次刷卡后，花旗银行的智能系统会依据消费时间、地点及过往购物、饮食习惯，迅速推荐适合的优惠。特别是午餐时段，若消费者偏爱意大利菜，系统便会推送附近意大利餐厅的优惠信息。更值得一提的是，该系统通过不断学习消费者采纳推荐的比例，持续优化推荐质量。这种精准营销不仅增强了客户黏性，也为花旗银行带来了可观的刷卡消费收益。

（2）基于客户行为分析的产品创新。数据网贷是金融大数据的重要应用领域。由于缺乏担保，许多中小企业难以从银行获得贷款。然而，阿里巴巴公司通过分析淘宝网上的交易数据，能够精准识别出财务稳健、诚信可靠的中小企业，并为这些企业提供无担保贷款服务。目前，阿里巴巴已成功发放超过 300 亿元的贷款，且坏账率极低，仅为 0.3%。

（3）基于客户行为分析的客户满意度分析。花旗银行积极收集客户对信用卡服务的反馈与需求数据，以评估服务满意度。这些反馈可能源自电子银行平台或呼叫中心的投诉与建议，涉及信用卡的安全性、便捷性以及透支管理等方面。同时，花旗银行也关注客户对信用卡新功能及安全保护的新诉求。通过对这些数据的深入分析，花旗银行得以洞察客户对信用卡服务的满意度，从而不断优化和改进服务，提升客户体验。

（4）基于大数据分析的投资。华尔街的"德温特资本市场"公司对接 Twitter，深入剖析全球 3.4 亿 Twitter 账户的留言，从而洞悉民众情绪变化。他们发现，当民众情绪高涨时，购买股票的意愿增强；而在情绪焦虑时，则倾向于抛售股票。基于这一发现，公司精准把握市场脉搏，灵活调整股票买卖策略，实现了较高的收益率。同时，期货公司也借助卫星遥感大数据，精准分析黑龙江农业产区的丰收状况，为期货操作提供了有力支持，同样取得了显著收益。

2. 基于大数据分析的金融风险管理

（1）金融风险分析。评价金融风险时，银行机构可调用的数据源多种多样。这些数据源不仅包括客户经理、手机银行、电话银行服务以及客户日常经营等方面的数据，还涵盖了监管和信用评价部门提供的信息。借助先进的风险分析模型，这些数据源能够为银行机构提供有力的预测支持。以贷款风险分析为例，其数据源广泛涉及偿付历史、信用报告、就业状况以及财务资产状况等多个方面，从而确保风险评估的全面性和准确性。

（2）金融欺诈行为监测和预防。账户欺诈是一种典型的操作风险，严重扰乱着金融秩序。大数据分析在应对此问题上扮演着关键角色，它能够有效识别账户的异常行为模式，从而实现对潜在欺诈行为的精准监测。与此同时，保险欺诈也是保险公司普遍面临的挑战。无论是规模庞大的纵火欺诈，还是小到虚报价格的汽车修理账单，欺诈索赔不仅给企业带来数百万美元的巨额损失，而且最终这些成本往往以更高的保费形式转嫁至消费者身上，给整个行业带来沉重的负担。

（3）信用风险分析。征信机构益百利凭借详尽的个人信用卡交易记录数据，能够精准预测个人的收入状况与支付能力，从而有效防范信用风险。同时，中英人寿保险公司则通过分析个人信用报告与消费行为，精准识别可能患有高血压、糖尿病和抑郁症的客户，及时发现潜在的健康隐患，为客户提供更有针对性的保险服务。

四、医疗业

当前，医疗行业大数据应用的需求主要集中在多个领域：新兴基因序列的计算与分析、基于社交网络的健康趋势探索、医疗电子健康档案的深入剖析，以及可穿戴设备健康数据的精准分析。这些领域共同推动了医疗大数据的广泛应用与发展。

1. 基因组学测序分析

基因组学堪称大数据在医疗健康领域的典范应用。随着基因测序成本不断下降，海量的数据得以产生。如今，诸如 DNAnexus、Bina Technology、Appistry 和 NextBio 等公司正利用高级算法和大数据技术，加快基因序列分析的速度，使疾病发现过程变得更为迅速、简便和经济高效。

2. 健康趋势分析

病人在就医时，首先需选择适合的科室。Zocdoc 网站便是一个帮助用户选择科室的平台。通过对用户选择科室的数据进行深入分析，Zocdoc 能够洞察不同城市在特定时期居民的健康关注点，比如"皮肤问题"或"牙齿保健"等。基于这些数据，便可以预测该阶段和地区的健康趋势。例如，每年 11 月，流感医生的预约量显著上升，而 3 月则是鼻科医生的预约高峰期。实际上，许多预约挂号平台都具备这样的数据记录和分析功能。

3. 医疗电子健康档案分析

Apixio，一家前沿创业公司，正致力于将医院各部门中格式多样、标准不一的病历数据集中存储于云端。此举为医生提供了便捷的语义搜索工具，使他们能够轻松获取病历中的相关信息，进而丰富医学诊断的数据基础。与此同时，某医学大数据分析公司正深入研究大型 CAT 扫描库，这些图像如同人体"切片"的堆叠，通过数据分析，能够协助医疗问题的自动诊断，并揭示患病率的趋势。

4. 可穿戴设备健康数据分析

智能戒指、手环等可穿戴设备，能够实时采集用户的血压、心率等生理健康数据，并传送到健康云。通过对每位用户的健康数据进行分析，这些设备能够提供针对性的健康诊疗建议。随着用户健康数据的不断汇聚与分析，我们能够更准确地判断一个地区的医疗健康水平，为健康管理提供有力支持。

五、能源业

能源行业大数据应用的需求主要有智能电网应用、石油企业大数据分析等方面。

1. 智能电网应用

在智能电网领域，智能电表的功能早已超越了简单的每月电费账单生成。通过显著提升客户读数的频率，如每秒对每只电表进行一次读数，我们得以进行一系列深入的大数据分析。这些分析不仅涵盖了动态负载平衡和故障响应，还涉及分时电价策略，以及鼓励客户提升用电效率的长远规划。以美国某采用智能电表的供电公司为例，他们每隔几分钟就会将区域内用户的用电大数据发送到后端集群中。这一集群能够处理数亿条数据，精准分析区域用户的用电模式和结构，进而根据这些模式调整区域的电力供应。同时，输电和配电端的传感网络也在发挥着重要作用，它们能够收集输配电过程中的各类数据，并基于预设模型进行稳态、动态和暂态分析，以及仿真分析，从而为输配电的智能调度提供坚实依据。

2.石油企业大数据分析

大型跨国石油企业业务涵盖勘探、开发、炼化、销售、金融等多个领域，其油田遍布沙漠、戈壁、高原、海洋，销售网络更是遍布全球。为了高效支撑这一庞大的业务体系，这些企业纷纷采用全球统一的 IT 基础设施架构，因此，他们自然而然地走在了大数据应用的前沿。以雪佛龙公司为例，他们构建了一个名为"全球信息交换网络畅通项目"的 IT 基础设施，统一了全球的计算机、网络、服务器、存储及 IT 服务标准。雪佛龙拥有庞大的服务器群，每天新生成的数据量高达 2 TB，每秒新增数据更是达到 23 MB，同时每天还需处理百万级的电子邮件。面对如此海量的数据，雪佛龙公司积极采用 Hadoop 等先进技术，对海洋地震数据进行深度分类和处理，从而精准预测石油储备状况。在油田勘探与开发过程中，每个钻井和油田的开发都涉及复杂的勘测、计算和预测工作，大数据技术在勘探数据的存储、共享、搜索以及分析挖掘等方面发挥着举足轻重的作用。

六、制造业

制造业大数据应用的需求主要是产品需求分析、产品故障诊断与预测、供应链分析和优化、工业物联网分析等。

1.产品需求分析

大数据在客户和制造企业间流动，挖掘这些数据不仅提升了客户的参与度，更在产品的需求分析与设计层面发挥了巨大作用，有力推动了产品的创新。以福特福克斯电动车为例，当车辆行驶时，它会不断生成关于加速度、刹车、电池充电和位置的数据。这些数据不仅对驾驶者具有实际指导意义，更关键的是，它们被传送回福特工程师的手中，用以洞察客户的驾驶习惯，包括他们的充电行为、行驶路线等。即便车辆处于静止状态，它依然忙碌地传递着关于胎压和电池系统的数据。这种以客户为核心的数据交互，带来了诸多益处。驾驶者获得了实时有用的信息，而底特律的工程师则通过汇总这些数据，更加深入地了解客户，为产品改进和新产品创新提供了有力支撑。此外，这些数据还为电力公司和其他第三方供应商提供了宝贵的信息。他们通过分析数百万英里的驾驶数据，可以作出更加精准的决策，比如在哪里建设新的充电站，以及如何避免电网过载，确保供电系统的稳定运行。

2. 产品故障诊断与预测

无所不在的传感器技术使得产品故障的实时诊断和预测成为现实。以波音公司飞机系统为例，发动机、燃油、液压及电力系统的众多变量，每几微秒即被精准测量并发送。这些数据不仅为工程师提供了丰富的分析资源，更在实时自适应控制、燃油管理、零件故障预警及飞行员信息通报等方面发挥了关键作用。通过高效的数据处理，波音公司能够实时进行故障诊断和预测，从而确保飞行的安全与稳定。这一技术的引入，无疑为航空工业的发展注入了新的活力。

3. 供应链分析和优化

在当下数字化时代，大数据分析已然成为电子商务企业提升供应链竞争力的关键武器。以知名电商企业京东商城为例，通过深度挖掘大数据，公司能够精准预测各地的商品需求趋势，进而优化配送和仓储布局，确保次日送达的高效客户体验。此外，RFID 等电子标识技术、物联网以及移动互联网的融入，为工业企业绘制出完整的产品供应链图谱。依托这些数据，企业不仅可以实现仓储、配送、销售效率的显著提升，更能实现成本的显著压缩。

海尔公司作为工业领域的佼佼者，其供应链体系堪称典范。它以市场链为桥梁，以订单信息流为核心，高效整合全球供应链资源和用户资源。在海尔的供应链体系中，客户信息、企业内部数据以及供应商信息被有效汇集，并通过大数据分析不断推动供应链的优化与改进。这种以数据为驱动的供应链管理模式，使得海尔能够迅速响应客户需求，持续保持市场领先地位。

4. 工业物联网分析

现代化工业制造生产线配备了大量的微型传感器，用以实时监测温度、压力、热能、振动及噪声等关键参数。每隔数秒，这些传感器便迅速收集数据，为多种分析提供了坚实基础。利用这些数据，我们可以进行设备故障诊断、用电量与能耗分析，以及质量事故溯源，包括生产违规与零部件失效等问题的识别。这些数据驱动的分析为工业制造的优化提供了有力支持。

七、电信运营业

运营商的移动终端、网络管道、业务平台及支撑系统，每日均生成海量有价值的数据。通过深度分析这些数据，运营商迎来了前所未有的机遇。目前，电信业已广泛应用大数据于客户行为洞察、网络分析与优化及安全智能等领域，以挖掘更多商业价值并提升服务质量。

1. 客户行为分析

运营商与互联网企业在大数据应用上颇为相似，其中客户分析均占据核心地位。运营商依托统一的客户信息模型，广泛搜集来自各类产品和服务的客户行为数据，进而精准服务改进与网络优化。例如，深入分析现有客户的业务使用与价值贡献，紧密跟踪成熟客户的忠诚度与深层次需求，包括对新业务的期望；同时，预测潜在客户的特征，剖析新客户的构成与关键购买因素。此外，运营商还关注通话量的变化规律及其背后的驱动因素，洞悉欲换网客户的倾向与动因，并建立离网客户数据库，实施精准的客户保留与赢回策略。在流量经营中，用户行为分析尤为关键，结合用户画像、产品、服务、计费及财务等多维度信息，运营商能够得出精细且准确的分析结果，进而实现个性化的策略控制，为用户提供更优质的服务体验。

2. 网络分析与优化

网络管理维护优化是运营商精细化运营的基石，其核心在于网络信令的实时监测与深度分析。通过对网络流量、流向变化及运行质量的全面剖析，运营商能够精准调整资源配置，优化网络性能。同时，分析网络日志有助于精准定位故障并进行优化处理。随着数据业务流量的迅猛增长，流量与收入的不平衡问题日益凸显，智能管道和精细化运营成为运营商应对挑战的关键。而网络管理维护和优化，作为精细化运营的重要一环，将为运营商实现业务增长和效益提升提供有力支撑。传统的信令监测，尤其是数据信令监测，在面对海量的数据时，已显露出明显的瓶颈。以某运营商省公司为例，其每日的原始数据信令量高达 1 TB，处理后的 xDR（x Detail Record）数据量也达到了惊人的 550 GB，且这些数据需要长期保存。传统的文件系统和关系数据库在处理如此庞大的数据量时，显得力不从心。面对信令流量的快速增长、扩展难题和高昂的成本，大数据技术为运营商提供了全新的解决方案。大数据技术的数据存储量无限制，能够按需扩展，轻松应对 PB 级的数据处理需求。同时，实时流处理及分析平台能够确保海量数据的实时处理，为运营商提供了更加高效、精准的网络管理维护和优化手段。通过采用大数据技术，运营商不仅能够解决当前的数据处理难题，还能够为未来的业务发展提供强有力的技术支撑。基于大数据的信令采集及分析系统如图 4.1 所示。

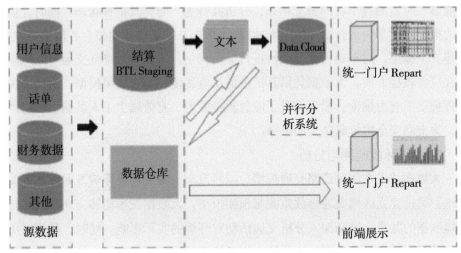

图 4.1　基于大数据的信令采集及分析系统

智能分析技术在大数据的赋能下，将在网络管理维护优化中扮演关键角色，显著提升网络维护的实时响应能力，并使事前预防成为现实。例如，结合历史流量数据和专家知识库，构建预警模型，可有效甄别异常流量，预防网络拥塞和病毒传播等风险，为网络安全稳定运行提供有力保障。

3. 安全智能

运营商服务网络的安全监测和预警也是大数据应用的一个重要领域。基于大数据收集来自互联网和移动互联网的攻击数据，提取特征，并进行监测，进而保障网络的安全。

八、交通业

1. 交通流量分析与预测

大数据技术为交通领域带来了革命性的提升，显著提高了交通运营效率、道路通行能力、设施利用效率以及交通需求分析的准确性。得益于大数据的实时性，原本静态闲置的数据得以迅速处理和利用，从而实现了交通运行的智能化和合理化。同时，大数据技术拥有强大的预测能力，有效减少了误报和漏报，为交通的动态性提供了实时监控。在驾驶者无法预测交通拥堵情况时，大数据则能助其一臂之力，提前获知路况，优化出行计划。

2.交通安全水平分析与预测

大数据技术以其独特的实时性和可预测性，极大地提升了交通安全系统的数据处理效能。在驾驶员自动检测环节，车载装置如疲劳视频检测器和酒精检测器等能够实时监测驾车者的警觉状态，分析其行为、身体及精神状态。同时，借助路边探测器对车辆运行轨迹的精准捕捉，大数据技术能够迅速整合各传感器数据，构建安全模型，对车辆行驶安全性进行综合评估，进而有效降低交通事故风险。而在应急救援方面，大数据凭借其出色的反应速度和综合决策模型，为应急决策指挥提供了有力辅助，显著提升了应急救援能力，有效减少了人员伤亡和财产损失，为交通安全构筑起坚实的屏障。

3.道路环境监测与分析

大数据技术在缓解道路交通拥堵、减轻汽车运输对环境影响方面发挥着关键作用。通过建立区域交通排放监测与预测模型，大数据技术能够实现交通运行与环境数据的共享，进而深入分析交通活动对环境的实际影响。同时，利用对历史数据的深入挖掘，大数据技术能够为交通信号智能化控制提供决策依据，有效减少交通延误和降低排放。此外，基于大数据技术的低排放交通信号控制原型系统与车辆排放环境影响仿真系统的建立，将进一步提升交通管理的智能化水平，助力绿色出行。

第四节　大数据应用的共性需求

随着互联网技术不断演进，大数据的应用在各行业逐渐变得日益复杂。人们迫切希望从海量数据中提炼出有价值的信息。在企业中，大数据的应用展现出一些共性需求特征，如客户分析，通过对用户行为数据的挖掘，洞察市场需求；业务分析，借助数据模型预测业务趋势，优化运营策略；还有风险分析，利用数据分析技术识别潜在风险，提升决策质量。这些共性需求为我们有效利用大数据提供了清晰而有效的路径。

一、业务分析

企业业务绩效分析是企业大数据应用的重要内容之一。企业从内部 ERP 系统、业务系统、生产系统等中抽取运营数据，同时从财务系统或年报中提炼财务数据，通过深度分析这些数据，企业能够洞察业务和管理绩效，为运营决策提供有力支撑。

在企业的众多业务中，产品设计至关重要，它是企业的核心竞争力所在。而大数据在这一领域的应用也极为关键。企业利用大数据分析市场需求趋势，通过行业相关分析、市场调查甚至社交网络等多渠道数据，确保产品设计紧贴市场脉搏。此外，大数据在产品的营销、供应链和售后等环节同样发挥着重要作用，推动企业产品更有效地进入市场，赢得消费者青睐。

大数据技术的应用不仅限于现状的分析，更在于对未来的预测和规划。通过采集和分析企业内外部数据，并结合大数据技术进行处理，企业能够准确反映业务运营现状，并对未来目标的实现进行科学的预测和分析，为企业的发展提供有力的数据支持。

二、客户分析

在各行各业中，大数据的应用主要聚焦于满足客户需求。企业寄望于大数据技术能够深入洞察并预测客户行为，从而优化客户体验。客户分析的核心在于深入剖析客户的偏好和需求，实现精准营销，同时借助个性化的关怀维系客户忠诚度。据赛智时代咨询公司研究，企业运用大数据进行客户分析主要体现在三大方面：全面的客户数据分析，全生命周期的客户行为数据分析，以及全面的客户需求数据分析。这些深入的客户大数据分析，不仅能够帮助企业更全面地理解客户，还为产品营销、精准推荐等提供了有力支持，推动企业实现更高效的市场拓展和客户服务。

1. 全面的客户数据分析

在客户分析中，全面的客户数据至关重要。通过建立统一的客户信息号和客户信息模型，企业能够轻松查询客户的各类信息，无论是业务交易数据还是服务信息，都能一目了然。客户分为个人客户和企业客户，两者基本信息各有侧重。个人客户主要登记姓名、年龄、家庭地址等个人信息，而企业客户则登记公司名称、注册地和法人等信息。无论是个人还是企业客户，他们都具有一些共同特点，如客户基本信息和衍生信息。基本信息涵盖客户号、类型和信用度等，而衍生信息则是基于这些基本信息深入分析得出的，如客户满意度、贡献度和风险性等。这种全面的客户数据分析，有助于企业更深入地理解客户，为精准营销和优质服务提供有力支持。

2. 全生命周期的客户行为数据分析

全生命周期的客户行为数据是指对处于不同生命周期阶段的客户的体验进行统一采集、整理和挖掘，分析客户行为特征，挖掘客户的价值。客户处于不同生命周期阶段对企业的价值需求有所不同，需要采取不同的管理策略，将客户的价值最大化。客户全生命周期分为客户获取、客户提升、客户成熟、客户衰退和客户流失五个阶段。在每个阶段，客户需求和行为特征都不同，对客户数据的关注度也不相同，对这些数据的掌握，有助于企业在不同阶段选择差异化的客户服务。

在客户获取阶段，客户的需求特征尚不清晰，他们正在摸索、了解和尝试企业的产品和服务。此时，企业需要通过有效的渠道和方式，发现客户的潜在需求，并提供精准的价值定位，以吸引客户的关注和信任。这一阶段，企业可以通过市场调研、用户画像等手段，深入了解客户的喜好和需求，从而为他们提供更有针对性的产品和服务。随着客户进入提升阶段，他们的行为模式逐渐清晰，开始比较产品性价比、询问安装指南、评论产品使用情况等。在这个阶段，企业需要采取积极的措施，将客户培养成为高质量客户。通过提供优质的产品组合、个性化的服务以及良好的客户体验，企业可以刺激客户的消费欲望，提升客户的忠诚度和满意度。进入客户成熟阶段后，客户的行为模式表现为反复购买、与服务部门的信息交流以及向朋友推荐产品等。在这个阶段，企业需要更加注重客户忠诚度和新鲜度的培养，通过交叉营销、定制化服务等手段，为客户提供更加差异化的服务体验。在客户衰退阶段，客户的行为模式开始发生变化，表现为长时间的沉默、对服务的抱怨以及了解竞争对手的产品信息等。此时，企业需要密切关注客户的反馈和情绪变化，建立客户流失预警机制，及时采取措施挽留高质量客户。最终，当客户进入流失阶段，开始放弃企业产品并在社交网络上给予负面评价时，企业需要关注客户情绪数据，思考如何通过客户关怀和让利等手段挽回客户的信任。这一阶段，企业需要深入分析客户流失的原因，并制定相应的策略，以改善客户体验，重新赢得客户的青睐。

通过全生命周期的客户行为数据分析，企业能够更好地理解客户需求，制定更有效的管理策略，从而实现客户价值的最大化。

3. 全面的客户需求数据分析

全面的客户需求数据分析是指通过收集客户关于产品和服务的需求数据，让客户参与产品和服务的设计，进而促进企业服务的改进和创新。通过广泛收集客户对产品和服务的需求数据，企业能够邀请客户直接参与产品设计的每一个环节，从而确保产品更贴近市场需求，更符合客户期望。这些需求数据，包括对外观、功能、性能、结构以及价格等方面的细致要求，尽管可能呈现出模糊或非结构化的特点，但对于企业来说，却是推动产品改进和创新的宝贵资源。通过对这些数据的深入分析和理解，企业能够精准把握市场动向，不断优化产品与服务，从而在激烈的市场竞争中脱颖而出。

三、风险分析

在企业的大数据应用中，风险管理是至关重要的一环。它涉及安全隐患的预先发现，以及市场和企业内部风险的预警。要实现这一目标，企业需对内部各部门、机构的系统、网络和移动终端操作进行严密的风险监控与数据采集。特别是那些涉及互联网和移动互联网业务的部门，其操作内容和行为更需要进行专项数据采集。在进行数据采集时，企业需明确一系列关键问题：经营活动具体内容、潜在风险点、风险数据的记录与采集方法、风险产生的根源，以及各风险的重要程度。同时，企业还需实时关注外部风险数值，如市场风险、信用风险和法律风险等。获得这些内外部数据后，企业需进行风险评估与分析，深入探究风险发生的概率与情况。基于大数据技术的风险分析，企业可制定降低、转移或规避风险的策略，选择最佳方案，从而将风险降至最低。这一流程不仅有助于企业及时发现并应对潜在风险，还能为企业的稳健发展提供有力保障。

第五章 ↘ 大数据应用的基本策略

第一节　大数据的商业应用架构

一、理念共识

在实施大数据商业应用时，管理层对大数据价值的认知与共识至关重要。

首先，管理层应明确公司的战略定位，即确定未来发展的目标和方向。回顾那些全球范围内取得成功的公司，其成功秘诀之一便是制定并执行了创新的战略。这些战略依托于对数据的精准获取、有效管理和深度利用，从而把握发展机遇、优化商业决策，并为客户带来个性化的体验。

其次，管理层需明确公司对数据支持的具体需求，并据此制订详细的数据采集、存储计划，同时确保预算的合理性。没有数据支持，任何战略都是空中楼阁。

再者，组建一个高效的大数据技术团队，并建立起各部门间的协同机制，也是管理层必须重视的。大数据战略的实施不仅仅是技术层面的工作，更是一门能够深刻改变行业规则的技术。多部门间的协同合作，有助于我们找到真正需要解决的复杂问题，并获取前所未有的深刻洞察。

最后，管理层应对大数据应用成果保持高度关注，通过设立奖励机制等方式，鼓励团队持续创新，推动大数据应用在公司内部的深入发展。

二、组织协同

在当下这个信息爆炸的大数据时代，企业面临着前所未有的挑战与机遇。为了应对这些快速变化的需求，面向服务的体系结构（Service-Oriented Architecture，SOA）应运而生，成为企业信息化建设的重要基石。SOA其核心理念在于将复杂的应用程序拆解为多个独立的功能单元——服务。这些服务通过统一的接口和契约进行交互，确保它们能够在不同的硬件平台、操作系统和编程语言间无缝对接。这种中立性的设计使得 SOA 架构具有极强的灵活性和可扩展性，能够轻松应对业务变化带来的各种挑战。

随着企业业务的不断发展，IT 系统的整合成为一项重要任务。然而，由于历史原因，不同系统间往往存在标准不一、难以兼容的问题。这不仅增加了整合成本，也给后续的维护工作造成了极大困难。此外，每当面临系统升级和新版本发布时，企业往往需要投入大量时间和成本来确保系统的稳定性和兼容性。SOA 的出现，为企业解决这些问题提供了有力支持。它作为一个统一的标准，使得不同系统间能够使用共同的语言和规则进行交互。从而降低了整合成本，并提高了系统的稳定性和可维护性。同时，SOA 的灵活性使得企业能够更加轻松地应对未来业务发展的需求，降低了系统升级和维护的风险和成本。

关于 SOA，很多企业业务系统都有所应用。其中有些应用从标准的角度出发，即 SOA 服务的标准。例如，在我们做自己的业务系统部署的时候，先上什么系统，后上什么系统，系统之间的关联是什么，也应该遵循 SOA 的理念。怎么去面向我们的应用和实践，这里可能要把一个纯技术的东西当作一个企业自身的问题去面对，而不仅仅是 SOA 技术。

三、技术储备

大数据应用主要需要四种技术的支持：分析技术、存储数据库、NoSQL 数据库、分布式计算技术等。

1. 分析技术意味着对海量数据进行分析以得出答案

人们常常思索云技术的无限可能性，IBM 的云计算专家 Lauren States 给出了她的答案。她指出，借助大数据与分析技术，我们能够洞察出事物背后的深层规律。以某网球公开赛为例，IBM 云平台上的 Slam Tracker 分析引擎，汇集了近五年近 3 900 万份比赛数据，通过分析这些数据，发现了运动员在获胜时的独特表现模式，揭示了运动员成功的秘诀，也为未来的训练与比赛提供了宝贵的参考。

2. 存储数据库让信息快速流通

存储数据库（In-Memory Databases，IMDB）在大数据分析中发挥着关键作用，它能够实现大量数据的快速处理与流通。以全国连锁店的销售记录分析为例，通过存储数据库的高效运作，我们可以迅速提取销售数据，分析出消费特征，进而根据预设规则为消费者提供精准的奖励回馈。

3. NoSQL 数据库是一种建立在云平台上的新型数据处理模式

NoSQL 在很多情况下又叫作云数据库，如今已成为云平台上一种革命性的数据处理模式。它摒弃了传统数据库的固化结构，转而采用分布式处理，让数据自由穿梭于低成本的服务器和存储磁盘之间。这种灵活性使得 NoSQL 能够轻松应对网页和交互应用中的海量数据处理需求。Zynga、AOL、Cisco 等众多知名企业，都依赖 NoSQL 为其网页应用提供强大的支持。不同于传统数据库对数据进行的严格归类和组织，NoSQL 对待数据如同对待自由文档，不拘一格，能够处理各种类型的信息。

在应对海量数据的同时请求时，NoSQL 展现出了惊人的处理能力。想象一下，当 1 000 万人同时登录 Zynga 游戏时，NoSQL 能够将这些数据智能地分散到全球各地的服务器，进行高效处理，仿佛只是 1 万人在线般轻松自如。

如今，NoSQL 的模式日益丰富多样。商业化产品如 Couchbase、MongoDB 和 Oracle 的 NoSQL 等，开源免费的选择有 CouchDB 和 Cassandra，还有亚马逊推出的最新 NoSQL 云服务，都为用户提供了更多的选择和可能性。无论是大型企业还是初创公司，都能找到适合自己的 NoSQL 解决方案。

4. 分布式计算结合了 NoSQL 与实时分析技术

在数字化浪潮中，我们面对的是海量的数据，如何对其进行实时分析和处理，成了一个亟待解决的问题。分布式计算技术，融合了众多前沿技术，使得对海量数据的实时分析成为可能。更为难得的是，它所依赖的硬件成本相对较低，这为技术的广泛应用奠定了坚实的基础。美国硅图公司（Silicon Graphics，SGI）的 Sunny Sundstrom 曾指出，通过分析那些看似杂乱无章的数据，我们能够发现许多隐藏的价值。比如，银行可以利用分布式计算技术，从消费者的消费行为和模式中识别出潜在的欺诈行为，从而保障资金安全。

分布式计算技术不仅为数据分析提供了强大的支持，更在多个领域引领着创新潮流。以 Skybox Imaging（是 Alphabet——谷歌母公司旗下的卫星公司）为例，这家公司利用分布式计算技术对卫星图片进行深入分析，能够实时提供诸如城市停车空间、港口船只数量等有用信息。这样的服务，不仅满足了客户的实际需求，也充分展示了分布式计算技术在数据处理方面的巨大潜力。

当前，众多前沿领域都在积极探索技术创新，以应对日益增长的数据挑战。一些创新基于传统的关系型数据库技术，旨在充分发挥成熟解决方案的优势；而另一些创新则着眼于新数据库模式，以满足更为复杂和极端的数据处理需求。这些技术进步不仅提升了数据管理的效率，更使得企业能够实时或接近实时地获得数据洞察力，从而推动业务决策的精准化和高效化。

第二节　大数据应用的前期准备

一、制定大数据应用目标

大数据正日益展现出其强大的力量，深入影响各行各业。企业应结合自身发展战略，设定清晰的大数据应用阶段目标。下文将列举一些典型的应用目标。

1. 气象领域

随着科技的不断进步，人们愈发认识到天气信息所蕴含的巨大商业价值。如今，天气已不再是单纯影响生活与出行的元素，而是成为各行各业竞相挖掘的宝贵资源。在全球范围内，众多企业已将气象分析融入其经营策略，期望通过精准把握大自然的规律来获取更多利润。以美国西尔斯（Sears）零售公司为例，他们借助危机指挥中心的监控设备，实时关注全国天气变化，确保各类必需品的库存充足，以应对不同天气状况下的市场需求。同样地，保险公司 EMC 也通过深入分析冰雹灾害的历史记录，有效避免了欺诈索赔的发生。

气象信息在商业领域的应用愈发广泛。从保险公司利用雨水累计模型预测汽车保险索赔情况，到医药公司借助气象地图分析各区域病人呼吸困难的原因，商业用户正通过深入分析气象数据来优化业务决策。此外，日用消费品公司、物流企业、餐厅、铁路、游乐园、金融服务等行业也都对气象信息有着迫切的需求。一些企业更是通过深入研究天气如何影响客户行为，从而制定出更加精准的营销策略。同时，对未来天气的预测也成为企业预见未来价值风险、寻找潜在问题的重要手段。可以说，天气已经成为最基本的大数据问题之一。分析技术的不断进步以及气象数据的日益丰富，使得企业能够更加精准地分析天气信息，进而提升决策的准确性和创造力。

2. 汽车保险业

通过深度剖析车载信息服务数据，我们能够实现对客户风险的精准评估，进而理解其投保行为模式，并挖掘每位客户的潜在价值，以优化对客户的服务策略。

这一举措不仅显著提升了保险业的盈利能力,更在有效识别欺诈行为方面发挥了关键作用,大幅降低了因欺诈行为导致的经济损失。

3. 文本数据的应用目标

文本,作为生活中无处不在的信息载体,无疑是大数据的重要来源。无论是电子邮件、短信交流,还是微博、社交媒体上的帖子,甚至实时会议的录音,这些都可以转化为宝贵的文本数据。在这些浩如烟海的文本信息中,情感分析成为一种极为热门的应用方式。

情感分析,就像是一个情感探测器,能够深入人群,挖掘出大家的总体观点。它可以帮助我们了解市场对于某个公司的真实评价和感受。而这一切,往往依赖于社会化媒体网站上的大量数据。如果企业能够准确掌握每一位客户的情感倾向,那么客户的真实意图和态度将不再是秘密。对于那些尚未购买产品的潜在客户,情感分析提供的信息尤为宝贵。它能够帮助企业判断,要说服这样的客户购买产品,究竟需要多少努力。而对于那些已经表现出负面情感的客户,企业则需要格外关注,及时采取措施,防止他们转投竞争对手的怀抱。

除了情感分析,文本数据还有一个不可忽视的用途——模式识别。想象一下,如果我们能够系统地整理和分析客户的投诉、维修记录以及各类评价,那么或许能够在问题真正爆发之前,就识别并修正它们。这样的模式识别,不仅能够帮助企业提高服务质量,更能够在无形中增强客户的满意度和忠诚度。

欺诈检测是文本数据应用的又一重要领域。在健康险或伤残保险的投诉处理中,文本分析技术发挥着关键作用。它不仅能深入解析客户的评论和理由,还能精准识别出欺诈模式,为投诉风险打上清晰的标签。对于那些风险较高的投诉,我们需要更加审慎地进行核查,确保不放过任何可疑之处。同时,文本分析还能在一定程度上实现投诉处理的自动化。当系统发现某些投诉的模式、词汇和短语符合正常规范时,这些投诉便可被自动判定为低风险,从而加速处理流程。这样,我们就能将更多的人力物力投入高风险投诉的深入调查中,提高整体工作效率。

此外,法律事务也是文本分析的一大受益者。在法律案件中,电子邮件和其他通信历史记录往往成为关键证据。通过批量检查这些通信文本,我们可以迅速识别出与案件相关的语句,为电子侦查提供有力证据支持。

4. 时间数据与位置数据的应用

GPS 和个人 GPS 设备(如手机)的普及,使得时间和位置信息日益丰富。通过分析这些数据,我们可以得知每个人在某个特定时间点的位置。这样的信息对司机尤为有用，它能即时反馈附近的餐馆、住宿、加油站和购物中心等位置，提供极大的便利。

更进一步，若我们能识别出哪些人几乎在同一时间、同一地点出现，不仅能发现社交圈子中的新面孔，更能发现拥有共同兴趣爱好的人。这样的信息对婚介服务来说，无疑是宝贵的资源。他们可以利用这些数据进行精准匹配，鼓励人们建立联系，同时提供个性化的产品推荐，助力人们找到理想的伴侣。这不仅是技术的运用，更是对人际关系的深度挖掘和优化。

5. RFID 数据的价值

射频识别（Radio Frequency Identification，RFID）标签，作为一种微型标签，广泛安装在装运托盘或产品外包装上。当 RFID 读卡器发出信号时，这些标签会迅速返回响应信息。特别是在读卡器的作用范围内，若有多个标签存在，它们都能对同一查询迅速做出响应，这大大简化了大量物品的辨识过程。

RFID 的应用场景丰富多样。在交通领域，它充当了自动收费标签的角色，让司机在通过高速公路收费站时无须停车，极大地提高了通行效率。在资产管理方面，公司可以为每一台电脑、桌椅、电视等资产贴上 RFID 标签，使得库存跟踪变得更为便捷。在制造业和零售业中，RFID 的应用更是不可或缺。制造商在发往零售商的每一个托盘上都贴上标签，便于记录货物在各个配送中心或商店的流动情况。而在零售商店里，RFID 不仅可以用于识别货架上商品的有无，还可以跟踪商品的销售和展示情况，为商家提供有力的市场数据支持。此外，RFID 技术还能应用于商店购物活动的跟踪。通过将 RFID 读卡器植入购物车中，商家可以精确掌握顾客选购商品的情况，包括选购了哪些商品以及选购的顺序，这有助于商家更深入地了解消费者的购物行为。

此外，RFID 技术还可以与其他数据结合，发挥出更大的价值。例如，当公司收集到配送中心的温度数据时，结合 RFID 技术，就能准确跟踪商品在极端条件下的损坏情况，为企业的风险管理提供有力支持。

6. 智能电网数据的应用

大数据的应用可以帮助电力公司根据时间和需求量的波动灵活定价，通过创新的定价策略引导客户调整用电行为，有效减少高峰时段的电力负荷。更重要的是，它还能有效缓解因应对高峰用电而额外建设发电站所带来的沉重经济负担。这一做法不仅降低了发电站的建设成本，还显著减少了对环境的不良影响，为电力行业的可持续发展注入了新的活力。

7. 工业发动机和设备传感器数据的应用

如今，嵌入式传感器已广泛应用于飞机发动机、坦克等复杂机械中，旨在以秒甚至毫秒的精度实时监控设备状态。发动机作为核心部件，其结构复杂且运行条件苛刻，需在高温环境下应对多种运转状况。鉴于其高昂成本，用户对发动机的耐用性寄予厚望，因此确保其性能稳定、可预测至关重要。通过精细提取并分析发动机运转数据，我们能精确识别那些可能导致立即失效的特定模式。进一步，我们还能发现那些会缩短发动机寿命的时间段模式，从而有针对性地减少不必要的维修次数，提高整体运行效率。

8. 视频游戏遥测数据的应用

在视频游戏领域，订阅模式已成为众多游戏盈利的主要方式，其用户体验的流畅性直接关系到用户留存与满意度。深入剖析玩家的游戏行为与偏好，我们发现高刷新率技术对于某些游戏场景如竞速、射击等快节奏、高交互性游戏至关重要，它能显著提升操作的即时反馈与视觉流畅度，增强沉浸感。而相比之下，一些策略、角色扮演或解谜类游戏，其游戏体验更多依赖于故事情节、角色深度及策略规划，对刷新率的要求则相对较低。因此，精准识别并优化高刷新率应用场景，同时合理调配资源，为不同游戏类型提供定制化体验，是提升游戏服务质量、增强用户黏性的关键策略。

9. 社交网络数据的应用

微博等社交网络，正积极运用社交网络分析技术，深入洞察各类广告对不同用户的吸引力。我们关注的不仅是用户个人的兴趣表达，更致力于挖掘其朋友圈和同事圈的兴趣所在。通过深入分析消费者的行为数据和社交网络数据，我们精准推荐用户或其朋友可能感兴趣的产品，从而有效促进用户的购买行为。

二、大数据采集

为实现大数据应用的目标，我们需要精心部署服务器、云存储等硬件设施，并设计一套高效的大数据采集模式，以实施采集战略。数据采集的范围广泛，涵盖了企业内部数据、供应链上下游合作伙伴的数据、政府公开数据以及网上公开的数据等。

在数据采集途径上，我们可采用多种方式。常见的数据采集途径包括：①利用网络连接的传感器节点，这些节点数量已超过 3 000 万，且以超过 30% 的年增长速度持续增加，为我们提供了丰富的数据源。② 文本数据也是重要的采集对象，包括电子邮件、短信、社交媒体帖子等，这些文本数据蕴含着丰富的信息价值。③ 对于特定行业，如汽车保险业通过在交通工具上安装的车载信息服务装置采集数据。④ 智能电网中的传感器也是数据采集的关键点，它们能够实时收集电网运行数据。⑤ 在工业领域，发动机和设备上的传感器可以收集各种运行参数，如温度、转数、燃料摄入率等，为工业大数据分析提供有力支持。⑥ 通过网络日志、Session 信息等途径，搜集分析用户在网上的行为数据，以洞察用户需求和行为模式。⑦ 数据库系统也是数据采集的重要来源，我们可以从各类管理信息系统中提取日常交易数据、状态信息数据等，为大数据分析提供全面而准确的数据支撑。

三、已有信息系统的优化

大数据应用对现有的信息系统提出了更为严格的要求。

从硬件角度来看，我们需关注主机选型、运算能力、存储系统与存储空间、数据存储容量、内存大小以及网络传输速率。这些要素直接关系到系统处理大数据的能力与效率，是制定系统集成方案时必须仔细考量的重点。

在软件层面，我们需要着重考虑以下方面：首先，升级数据备份策略，确保数据的安全性与完整性；其次，开发适应大数据分析需求的数据仓库与数据挖掘方法，如开发并行数据挖掘工具，以应对大规模数据的处理与分析；再次，构建能够处理大规模实时动态数据的商业智能系统平台，包括巨量数据库、数据仓库以及高效实时的处理系统；最后，优化现有的搜索引擎系统和综合查询系统，使其更加高效、精准地满足用户对大数据的查询需求。

四、多系统、多结构数据的规范化

多系统数据规范化是确保数据准确性和一致性的关键步骤，而建立数据仓库是实现这一目标的有效方式。通过数据仓库，可以将不同系统的数据统一存储，为数据分析提供坚实基础。为了实现多系统数据的规范化，我们可以搭建一个数据转化平台，该平台采用标准格式，确保不同系统的数据能够经过统一处理，转化为相同格式的数据文件。这样，无论是关系数据还是平面数据文件，都能被高效地整合。在数据抽取、转换和加载过程中，ETL 工具发挥着不可或缺的作用。OWB、ODI、Informatica PowerCenter 等主流工具，能够协助我们从分散、异构的数据源中抽取所需信息，通过清洗、转换和集成，最终加载至数据仓库或数据集市中。这些经过处理的数据，为后续的联机分析处理和数据挖掘提供了坚实支撑。

对于某些对反馈时间要求不那么严苛的应用，如离线统计分析、ML 等，我们可以采用离线分析的方式。通过数据采集工具，将日志数据导入专用分析平台，实现数据的批量处理和分析。然而，面对海量数据时，传统的 ETL 工具往往力不从心。这时，我们需要借助互联网企业的海量数据采集工具，如Facebook 的 Scribe、LinkedIn 的 Kafka 等，它们能够满足高速数据采集和传输的需求，确保数据能够高效地上传至 Hadoop 等中央系统，为大数据分析提供强有力的支持。

在处理多结构数据时，我们可以运用关键词提取、归纳、统计等策略，并结合可拓学理论，构建一套统一格式的基元库。基元理论将世界万物划分为物、事、关系三类基本元素。物是自然界的基石，事则是物与物之间的相互作用，而物与物、物与事、事与事之间的关联则形成了复杂的关系网。这些物、事、关系通过物元、事元和关系元得以描述，它们统称为基元。基元以对象、特征、量值的三元组形式表示，成为描述问题的基础逻辑单元。借助可拓学的理论和方法，我们可以系统地收集信息，建立起形式化、统一的信息库，为数据的深度分析和应用提供有力支撑。

五、大数据收集中的可拓创新方法

数据质量问题已成为数据挖掘应用中的核心挑战，严重影响了分析结果的可靠性。在数据处理环节，其工作量占据了整个数据分析的绝大部分，高达 80% ～ 90%，这凸显了数据清洗和预处理的重要性。普华永道信息技术有限公司（Price water house Coopers，PwC）的研究揭示了数据质量问题给众多企业带来的经济损失，高达 75% 的被调查公司都因此受损。Gartner 公司（美国的一家信息技术研究分析公司）也指出，不准确或不完整的数据是导致大型、高成本 IT 项目（如商业智能和客户关系管理）失败的关键原因。错误、不完整、冗余和稀疏的数据问题导致数据挖掘结论可信度大打折扣。由于缺乏有效的数据质量管理措施，企业常陷入数据挖掘项目耗时过长且成效不彰的困境。

数据挖掘所依赖的数据集是一个多维、动态的物元，它随着时间、空间和信息化管理程度的变化而不断演变。这种数据集正好符合可拓集合的特征，为我们提供了新的处理和分析视角。可拓集合提供了三种变换方案，为处理复杂、多变的数据集提供了有力的工具。

1. 关于论域变换的解决方案

① 对论域进行置换变换，选择质量更高、更符合挖掘需求的数据集，同时灵活调整挖掘目标，确保分析结果的准确性。② 实施增删变换，通过增加优质数据集来降低整体不准确率，同时剔除质量低劣的数据集，完成数据清洗工作。③ 对论域进行蕴含分析，通过深入分析脏数据的产生源头，从数据挖掘的角度出发，提出有针对性的改进建议，如调整数据结构、优化存储与汇总方式、调整数据保留时间等，从而有效提升数据的完整性和准确性。这些措施将论域从挖掘数据集拓展至原始数据集，从源头上采取改进措施，全面提升数据质量。

2. 关于关联准则变换的解决方案

企业在数据挖掘中，数据集合的关联度保持恒定，关键在于灵活调整判断数据质量的标准。传统数据挖掘软件可能无法满足低质量数据的要求，但通过变换标准，在新软件环境下，这些数据的质量便能够达到挖掘标准。例如，研究构建适用于低质量数据的挖掘系统，开发容忍度更高的数据挖掘算法，已成为学界研究的热点。这种灵活的数据质量评判方法，有助于企业更高效地利用数据资源，提升数据挖掘的准确性和实用性。

3. 关于元素变换的解决方案

通过变换量值，原本质量不佳的数据集也能变得适合挖掘。当前数据挖掘领域所研究的数据清洗技术和填充算法等，正是为了解决这类问题。然而，常规的数据清洗方法，如使用清洗后的子集进行数据挖掘，虽有效但工作量大，有时甚至会误删有价值信息。

这些方法主要聚焦于历史数据的可挖掘性，却难以阻止新增数据的产生。要实现数据挖掘的持续有效应用，关键在于实施物元可拓集的变换。通过不断优化事元"数据挖掘咨询"，我们可以确保数据从源头就满足正确性、完整性和一致性等要求。这样不仅能解决现有数据的挖掘问题，更能从根本上预防新增数据的出现，为数据挖掘工作提供持续、稳定的数据支持。

第三节　大数据分析的基本过程

一、数据准备

在数据准备的过程中，我们需经过一系列严谨的步骤以确保数据的质量和可用性。

首先，绘制数据地图是关键一步，通过深入分析并理解数据集内众多属性间的关联性，我们能够将字段划分为非相关、冗余和相关三类，从而精准地保留相关字段，剔除那些不必要的字段。

紧接着，数据清洗工作至关重要。在这一环节，我们致力于解决数据中的空缺、噪声、孤立点和不一致性问题。例如，针对缺失的字段数据，我们会进行填补；对于数据类型或格式的不统一，我们会进行统一和标准化处理；同时，清除异常数据和重复数据也是必要的步骤，以确保数据的准确性和一致性。

随后，数据转化步骤不可或缺。根据后续分析或建模所需的算法，我们会对字段进行必要的类型转换，比如将非数字类型的字段转化为数字类型，以便更好地适应算法的要求。

最后，数据格式化是确保数据能被建模软件正确读取和处理的关键。根据建模软件的具体需求，我们可能需要添加或更改数据样本，将数据格式化为软件能够识别的特定格式。

在海量数据的处理中，传统的数据管理技术往往显得力不从心。海量数据的庞大规模和复杂分布特性对分布式并行处理技术提出了新的挑战。MapReduce 作为一种代表性的技术，由谷歌公司提出，用于并行处理和生成大数据集。然而，MapReduce 作为离线计算框架，有时无法满足在线实时计算的需求。因此，目前在线计算主要基于两种模式来处理大数据问题。一种是基于关系型数据库，通过提高其扩展性和查询通量来满足大规模数据处理的需求；另一种则是基于新兴的 NoSQL 数据库，通过增强其查询能力和丰富查询功能，来满足具有大数据处理需求的应用场景。这两种模式各有优势，为大数据处理提供了多元化的解决方案。

二、数据探索

数据挖掘工具在数据海洋中探寻模型,这一搜索过程既可以是系统自主完成,自底向上,深入挖掘原始数据间的潜在联系;同时也可以引入用户交互,分析人员自上而下地主动提问,以验证假设的合理性。在这个过程中,各种工具如神经网络、基于规则的系统、实例推理、机器学习和统计方法等纷纷亮相,助力挖掘工作的顺利进行。

沙箱分析作为一个灵活的平台,在数据探索、分析流程开发、概念验证和原型制作等方面发挥着不可或缺的作用。然而,一旦这些探索性的分析流程成熟并转化为用户管理流程或生产流程,它们便需从沙箱中迁移出去,确保流程的正式化和规范化。值得注意的是,沙箱中的数据并非永久存在,它们根据项目需求而构建,项目结束后数据即被清除,体现了沙箱的高效与灵活。当沙箱得到妥善利用时,它便成为推动企业分析价值提升的关键力量,为企业的数据分析和决策制定提供强有力的支持。

三、模式知识发现

数据挖掘,作为发现数据深层知识的利器,广泛应用在各个领域。其手段多样,如关联、分类、聚集、预测、相随模式以及时间序列等。关联分析旨在揭示不同因素在数据处理中的相互影响。分类则侧重于确定数据与既定类别间的函数关系,常见的数学模型有决策树、神经网络等,它们为数据的归类提供了有力的支持。聚集与预测则更多地依赖于多元回归及相关分析,利用变量间的关系进行分类,这一方法在处理大量统计数据时尤为高效,但处理多类别问题时稍显力不从心。相随模式和相似时间序列则采用逻辑方法,识别并提取数据中的代表性模式,为揭示数据内在规律提供了新思路。

四、预测建模

数据挖掘的任务主要分为两大类别:描述性任务和预测任务。描述性任务致力于揭示数据的内在结构和特性,包括关联分析、聚类、序列分析和离群点检测等。而预测任务则更侧重于利用历史数据来预测未来的趋势或结果,主要涉及回归和分类两种方法。

数据挖掘的预测过程,实质上是一个学习和应用的过程。它通过对样本数据的输入值和输出值进行关联性学习,从而构建出一个预测模型。这个模型就像是一个"黑盒子"，能够接收新的输入值，并输出相应的预测结果。在构建预测模型过程中，机器学习算法发挥着核心作用，它们能够自动地从数据中提取有用的特征，并优化模型的参数。

虽然数据挖掘的技术基础是人工智能，但它并非人工智能的全部。实际上，数据挖掘更多的是借鉴了人工智能中的一些成熟算法和技术，因此在复杂度和难度上相对较低。这使得数据挖掘成了一个相对独立且实用的领域。

在实际应用中，数据建模是一种常见的方法。与基于物理、化学等基本原理的数学建模不同，数据建模是基于实际数据来构建数学模型的。当研究对象的机理不明确或难以建模时，数据建模就显得尤为重要。通过利用历史数据，我们可以构建出有效的预测模型，为决策提供有力支持。典型的ML方法包括决策树方法、人工神经网络、支持向量机、正则化方法等。可参考统计学、数据挖掘等领域的相关书籍，在此不再详述。

五、模型评估

模型评估涵盖技术与实践应用两大层面。技术上，依据所采用的挖掘方法，选定相应评估指标来体现模型价值。以关联规则为例，支持度和可信度是关键指标。在分类问题上，混淆矩阵是常用工具，它能清晰展示模型的分类效果。此外，接受者操作特性曲线（Receiver Operating Characteristic Curve，ROC）和KS曲线亦可用于深入评估模型性能，帮助我们更全面地了解模型的优劣。

六、知识应用

大数据决策支持系统中的"决策"，即决策者凭借掌握的信息为决策目标挑选恰当行为的思考流程。模型训练结果对管理者大有裨益，可辅助其制定策略，深入发掘潜在模式，进而揭示巨大的商业机遇。其应用模式不仅涵盖与经验知识的融合，更涉及大数据挖掘知识的智能创新融合，以及知识平台的智能涌现等，共同构建了一个全面、智能的决策支持体系。

第四节 数据仓库的协同应用

一、多维数据结构

多维数据结构在现代数据分析中占据着举足轻重的地位，它以其独特的视角和深入的洞察能力，为决策人员和高层管理人员提供了有力的支持。多维数据分析与在线事务处理（On-Line Transaction Processing，OLTP）虽同为数据库或数据仓库的应用，但两者的面向用户、数据特点以及处理方式均存在显著的差异。

多维数据分析，顾名思义，是从多个维度对数据进行深入剖析的过程。与OLTP 主要面向操作人员和低层管理人员，处理基本数据的查询和增删改操作不同，多维数据分析更多地服务于决策人员和高层管理人员，它更注重对数据的深层次分析和挖掘。

在多维数据结构中，多维数据集是一个核心概念。它常常被形象地称为"立方体"（Cube），这是因为它的结构如同一个三维空间中的立方体，每个维度都代表着观察数据的一个特定角度。多维数据集通常是从数据仓库的子集中构造出来的，并通过组织和汇总，形成一个由一组维度和度量值定义的多维结构。

1. 度量值（Measure）

度量值在多维数据分析中占据核心地位，它们是决策者关注的关键数值，直接反映了业务的实际状况。这些具有实际意义的数值，如销售量、库存量、银行贷款金额等，为决策提供了直观的数据支持。这些度量值存储在事实数据表中，这些表包含大量数据行，每一行都记录了重要的业务事实。事实数据表的特点在于其包含丰富的数值数据，这些数据经过统计汇总，能够展现单位运作的历史脉络和趋势。因此，度量值不仅是多维数据集的重要组成部分，更是最终用户在浏览多维数据集时重点关注的数值数据，它们为决策提供了有力的数据支撑和深入的业务洞察。

2. 维度（Dimension）

维度，也简称为维，是观察和分析数据的多元化视角，为决策提供了丰富的信息层次。以银行贷款为例，企业性质就是一个重要的维度，通过它我们可以分析不同经济性质企业的贷款情况，洞察其背后的经济规律。另外，时间维度同样不可或缺，它反映了数据随时间变化的趋势，帮助我们了解产品销售在不同时间段的表现。维度表则承载了这些维度的详细信息，它们描述了事实数据表中事实记录的特性，为多维数据分析提供了坚实的基础。通过这些维度和维度表，我们能够更加全面地了解业务情况，为决策提供有力支持。

3. 维度级别（Dimension Level）

在多维数据分析中，维度的级别代表了观察数据的不同细节程度。每个维度通常都包含多个级别，使得分析更为细致和深入。以时间维度为例，我们可以从月、季度、年等多个级别来观察数据的变化，这些级别反映了时间维度的不同细节程度。这种多维度的不同级别设置，使得我们能够更加灵活地观察和分析数据，从而得到更加深入和全面的洞察。

4. 维度成员（Dimension Member）

在多维数据分析中，维度成员是维度取值的基本单位。对于单级别的维度，其成员就是该维度的单一取值。然而，当维度具有多个级别时，维度成员则是由不同级别取值组合而成。以时间维为例，它包含日、月、年等多个级别。通过在这些级别上分别取值并组合，我们得到如"某年某月某日"这样的时间维成员。这种组合方式使得我们能够更加精细地观察和分析数据，为决策提供更加准确的依据。

总的来说，多维数据结构通过其独特的立方体结构和多维度的设置，为数据分析提供了强大的支持。它使得决策人员和高层管理人员能够从多个角度和层次观察和分析数据，从而得到更加深入和全面的洞察。这种洞察能力对于企业的战略制定、市场分析、产品优化等方面都具有重要的意义。然而，多维数据结构的构建和应用并非易事。它需要专业的技术人员进行深入的数据挖掘和建模工作，同时还需要与业务人员紧密合作，以确保数据分析的结果能够真正满足业务需求。此外，随着数据量的不断增长和业务的不断变化，多维数据结构也需要不断地进行更新和优化，以保持其分析能力和实用性。因此，对于企业来说，要想充分利用多维数据结构进行数据分析，不仅需要具备强大的技术实力，还需要建立起一套完善的数据分析和应用机制。只有这样，才能真正发挥多维数据结构在数据分析中的优势，为企业的发展提供有力的支持。

二、多维数据的分析操作

多维分析，作为数据分析的高级形式，允许分析者和决策者从多个角度、多个侧面深入剖析数据，揭示其内在的信息和含义。通过上卷、下钻、切片、切块和转轴等操作，多维分析为数据探索提供了强大的工具。

上卷操作如同站在高处俯瞰全景，通过对数据立方体中的维进行聚集或消除，我们可以观察到更为概括的数据，从而把握整体趋势。

下钻操作则像是深入细节，通过降低维的级别或引入新的维，我们能够更细致地观察数据，揭示出隐藏的模式和规律。

切片操作类似于在数据立方体上切下一块薄片，通过选择一个维进行筛选，我们得到一个二维的平面数据，便于观察某一特定方面的信息。

切块操作则更进一步，通过选择多个维进行筛选，我们得到一个子立方体，能够更全面地分析数据的多个方面。

转轴操作则像是对数据立方体的方向进行调整，通过改变维的方向，我们可以得到不同视角的数据展示，从而更好地适应不同的分析需求。

维度表和事实表作为多维分析的基础，它们相互独立又相互关联，共同构成了一个统一的架构。维度表提供了观察数据的不同角度，而事实表则存储了实际的数据值。通过这两者的结合，我们能够进行灵活多变的多维分析，为决策提供有力的支持。

第五节　大数据战略与运营创新

随着信息技术的飞速发展，大数据已成为当今社会的一大热点，它不仅涵盖了科学问题，还涉及产业价值和经济价值问题。大数据的发展，为各行各业带来了前所未有的机遇和挑战，如何有效地利用大数据，推动企业的战略与运营创新，成为摆在我们面前的一个重要课题。

互联网公司尤为关注大数据的潜力，它们正积极探索如何利用大数据形成新的产业链条。百度、谷歌、阿里巴巴等巨头，都在研究如何利用大数据推动新的商业模式，建立产品的关联关系，进行电子商务分析等。这些努力不仅为它们带来了丰厚的回报，也为整个行业树立了榜样。

然而，在探索大数据的经济价值时，我们也不能忽视一些问题。由于产业界的逐利性，一些企业可能只关注大数据的短期利益，而忽视了其技术应用和长远发展。这就需要聪明的投资者对大数据的核心价值作出判断，审慎地分析大数据与自己的关系。

大数据的魅力在于其能够有效地分析海量非结构数据，整合各类资源，为企业带来创新机遇。根据 Gartner 的一份报告，若要获得信息的最高价值，首席信息官们必须认识到创新的必要性。这种创新并不仅限于大数据管理技术，还包括如何利用大数据进行决策支持、优化运营流程等方面。

随着大数据技术的不断发展，企业已经可以通过大数据分析来解决各种问题。这使得企业有必要鼓励创新，强化创新。大数据技术改变了现有分析问题的方式，为企业带来了诸多新的机遇。新数据源与新的分析方法能够显著提高企业的运行效率，推动其实现更大的价值。

然而，我们也必须清醒地认识到，大数据为企业实现增值的先例还相对有限。过去从未有任何企业尝试通过这些新方法分析与访问数据。因此，对于任何一个企业而言，它需要时间来建立对新数据源以及分析方式的信任。这也是为什么，我们鼓励企业从小的试验项目着手，不断实现数据透明并改善数据观察与分析方式。

首席信息官们在这场大数据革命中扮演着关键角色。他们需要从内部数据源开始这场变革，加强对大数据技术的理解和应用。同时，他们也需要关注那些尚未受到 IT 部门有效管控的内部数据源，如呼叫中心记录、安全摄像头、生产设备的运营数据等。只有充分利用这些数据，企业才能真正发挥大数据的作用。

利用大数据技术的企业，还需要有能力保留完整、原始的数据，建立丰富的数据源，以提高信息的价值。同时，首席信息官们也需要确立一个明确的商业目标及新数据存储方式。技术能够提高速度，但要使企业从速度提升中收获新的价值，则要求流程的改革。一些企业已经提高了数据分析的能力，现在正在革新各自的业务流程以收获速度，提升创造的最高价值。

大数据不仅为企业的战略决策提供了有力支持，还在科研领域发挥着重要作用。它被誉为科研的第四范式，推动了科研方式的变革和人类思维方式的巨大变革。以全样本、模糊计算和重相关关系为特征的大数据范式，为科研工作者提供了全新的视角和工具，使他们能够更深入地探索自然界的奥秘。

无论是国家大数据战略，还是企业决策的新模式，大数据都在从理论逐步走向管理实践。在需求驱动下，企业在大数据上面主动升级，正在形成专门的大数据团队，期望对大数据进行挖掘分析，以作出更佳的商业决策。这种趋势不仅体现在大型企业上，越来越多的中小企业也开始意识到大数据的重要性，并纷纷加入这场大数据革命中。

为了适应不断变换的需求，我们需要采用先进的 SOA 系统架构。同时，大数据应用主要需要四种技术的支持：分析技术、存储数据库、NoSQL 数据库、分布式计算技术。这些技术的发展为大数据的处理和应用提供了强大的支持。

大数据的来源广泛多样，包括传感器数据、视频、音频、医疗数据、药物研发数据、大量移动终端设备数据等。这些数据不仅数量庞大，而且类型多样，给数据处理和分析带来了很大的挑战。因此，我们需要建立数据仓库，让分散的数据统一存储，并通过建立标准格式的数据转化平台，将不同系统的数据转化为统一格式的数据文件，便于采集和处理。

在利用大数据进行决策支持时，ML 方法发挥着重要作用。通过 ML 方法，我们可以建立预测模型，对未来的趋势进行预测和分析。典型的 ML 方法包括决策树方法、人工神经网络、支持向量机、正则化方法等。这些方法的应用不仅提高了决策的准确性，还为企业带来了更多的商业机会。

总之，大数据战略与运营创新是当前社会发展的重要趋势。我们需要充分利用大数据的潜力，推动企业的战略决策和运营流程的优化。同时，我们也需要关注大数据的安全性和隐私保护问题，确保大数据的应用能够在合法、合规的前提下进行。只有这样，我们才能真正发挥大数据的价值，为社会的发展作出更大的贡献。

第六章 ↘ 大数据时代的教育教学

第一节　教育大数据的概述

当前，大数据时代已经到来，并且大数据技术在教育领域得到了广泛的应用。我国教育与大数据的结合已是时代发展的必然要求。

一、教育大数据的内涵

教育大数据，简而言之，即为教育教学活动中生成或搜集的，用以推动教育进步的数据集合，其能够在教育领域创造巨大的价值。教育大数据涵盖了多个层面的数据：一是课堂教学记录、学科考试成绩、网络互动痕迹等，这些都是在学校日常教学活动中的直接产出，为我们提供了学生学习状况的一手资料。二是在学校教育活动中对学生家庭背景、健康信息的统计，以及学校的基本信息、财务、设备资产等方面的数据，这些数据对于全面了解学生情况、优化学校资源配置具有重要意义。三是在学校的科学研究活动中，发表的论文、科研设备的运行数据、材料采购与消耗记录等，这也是教育大数据的重要组成部分，它们反映了学校的科研实力与成果。四是学生的餐饮消费、资料复印、洗浴洗衣等校园生活中的数据，它们反映了学生的生活状态与需求，对于提升校园服务质量至关重要。

大数据对教育的促进作用，深刻而广泛，其影响涵盖了理念思维、行业发展及融合创新等多个层面。首先，在理念思维层面，大数据的引入为教育领域注入了新的活力。其核心价值——开放、共享与协同，正逐步改变着传统的教育思维方式。我们不再仅仅依赖经验来指导教学，而是开始以数据为依据，追求智慧教学和精准评价。这种以数据说话的智慧教育方式，让教育决策更加科学、精准，有助于提高教育质量。其次，在行业发展层面，大数据成为推动教育领域和行业创新发展的重要动力。它能回答过去无法回答的问题，解决以前认为无法解决的难题，实现以前认为不能实现的目标。此外，大数据还能创造新的教育领域、产业和价值，完善教育产业链，构建更加丰富的教育生态体系。最后，在融合创新层面，大数据作为新技术和新手段被引入教育领域，通过深入分析和挖掘学习环境、教学过程、教育决策等产生的海量数据资源，为教学模式的创新提供了有力支持。这使得教育变革和创新成为可能，推动了教育教学的现代化进程。

将大数据应用到教育领域中，有助于实现教育的"四种效应"。一是整合效应，通过利用大数据技术对各种教育资源进行整合和关联分析，实现"1+1>2"的规模效应。二是降噪效应，对已有教育数据资源进行有效整合，激活有用数据剔除无用数据和虚假数据，利用大数据技术对教育数据做"减法"，提升数据资源的可用性。三是倍增效应，发挥大数据激活休眠数据，将静态的数据变为动态数据的"催化剂"，让教育数据产生出更多的"溢价效应"，加速涌现更多新产业、新价值。四是破除效应，借助大数据打破教育行业内部和行业间的"数据孤岛"，统一异构数据、打破数据壁垒，实现与其他数据的互联互通。

二、教育大数据的分类和结构

1. 教育大数据的分类

教育大数据的分类方式多种多样。从数据产生的流程来看，可以将数据分为过程性数据和结果性数据。过程性数据，涵盖课堂表现、线上作业完成情况及网络搜索行为等教育活动中的实时数据，其特点在于难以直接量化，却能够深入揭示学习过程的动态细节。而结果性数据则指那些可量化的数据，如成绩、等级和数量等，它们直观地展现了教育活动的最终效果。从产生数据的业务来源看，教育数据又可分为教学类、管理类、科研类以及服务类四种数据类型，每类数据都有其特定的应用场景和价值所在。

2. 教育大数据的结构

教育大数据的结构从内到外可以分成四个层次，依次是基础层、状态层、资源层和行为层。基础层，作为数据的基石，存储着教育部发布的学校管理、行政管理和教育管理等一系列标准数据，这些是国家教育的基础性数据，为整个教育体系提供了坚实的数据支撑。状态层，关注的是教育相关事物的运行状态，涵盖了教育装备的运行状况、故障记录，校园环境的空气质量，以及教学进程的具体安排等，这些数据实时反映了教育的运行状态。资源层，则聚焦于各类教学资源，无论是 PPT 课件、教学视频，还是教学软件、图片等，都是这一层的重要组成部分，它们为教育教学提供了丰富的素材和工具。而行为层，则是最具动态性的一层，它记录了与教育相关的各类行为数据，包括学生的学习行为、教师的教学行为、管理者的系统维护行为以及教研员的指导行为等，这些数据为我们深入了解教育过程提供了宝贵的线索。采集这些数据并非易事，其难度随着层次的深入而递增，特别是行为层次的数据，往往需要借助技术工具才能进行有效的采集和分析。

（1）基础层数据

在教育数据的管理中，人工定期采集与多系统数据交换并行不悖。一方面，我们采取人工方式，定期逐级上报教育基础数据，确保每年的教师招聘、招生数量等最新信息得以准确记录。这种方式虽然传统，但保证了数据的真实性和可靠性。另一方面，我们积极与其他系统如学籍系统、人事系统和资产系统进行数据交换，实现教育基础数据的自动采集和实时更新。这种方式高效便捷，大大提高了数据更新的速度和准确性。基础层数据作为高度结构化的教育数据的重要组成部分，其优势在于从宏观层面掌控教育发展现状，为科学决策、资源优化和体系完善提供有力支撑。通过这两种方式的有效结合，我们不仅能够全面、准确地掌握教育基础数据，还能够确保其安全、可靠地服务于教育事业的发展。

（2）状态层数据

状态层数据的采集主要依赖于人工记录和传感器感知两种方式。目前，人工记录仍是应用最广泛的采集手段。然而，随着传感技术的不断发展和普及，未来这一领域将迎来全新变革。传感器将实现全天候、全自动化的数据采集，精准记录教育装备的运行状况、教育环境的细微变化以及教育业务的实时进展。状态层的数据将极大提升管理和维护教育装备的效率，使我们能够更全面地掌控教育业务的运行状况，进而打造更加智能化、人性化的教育环境，推动教育行业的持续进步与发展。

（3）资源层数据

资源层数据多数为非结构化数据，数量庞大且形态各异。资源的生成途径多样，一方面，通过专门的建设活动产生，如教师自主创作教学课件，企业发挥专业优势提供学习资源与工具，国家组织开放精品课程等；另一方面，资源也在日常教学活动中动态生成，比如课堂讨论中的思想碰撞、学生记笔记的点滴积累、完成试题的过程等，都是宝贵的资源。这些资源不仅丰富了教学内容，更为创新教学模式、变革教学方法提供了可能。要推动教育的进步，关键在于充分利用这些丰富多样的优质资源，让它们在教育的舞台上发挥最大的价值。

（4）行为层数据

教育行为涵盖了成绩录入、教师备课、学生上课、设备报修及财务报销等多样形式。然而，在行为层数据中，最为核心的是师生间的教与学行为数据。随着大数据时代的来临，我们能够捕捉更多、更细致的教学行为数据。这些数据详细记录了学生在何时何地、使用何种终端浏览了哪些视频课件，观看了多长时间，浏览顺序如何，是否跳跃观看等。这些细微的行为都被以日志记录的形式精准保存，为我们提供了深入了解学生学习习惯与偏好的宝贵线索，有助于优化教学方法，提升教育质量。

三、我国教育大数据发展现状

1. 中国教育大数据的实施现状

当前，中国教育大数据的实施正迎来蓬勃发展的黄金时期。教育资源信息化联盟，作为推动教育改革的重要平台，吸引了教育信息化专家、教育学者以及互联网领域人士的广泛关注。他们共同探讨如何通过大数据技术的运用，实现教育资源信息的共建共享，以及如何借助互联网的力量，推动教学模式的深刻变革。

这一平台的搭建，旨在通过互联网对教育资源进行整合优化，使资源在教育领域内自由流动，循环使用。通过拓宽资源分享与贡献的渠道，我们力求充分发挥学习资源的最大价值，进一步扩大资源受益的地域范围和受众人群。最终，我们的目标是构建一个教育资源信息化联盟，实现教育信息的充分交流、共享与互补，从而共同推动教育事业的进步。

中国教育大数据的发展，离不开政府的大力支持，同时也需要与学术组织和数据中心的紧密配合。政府部门的高度重视和大力倡导，为大数据的迅猛发展提供了有力保障。近年来，教育部不断加强对教育大数据发展的重视，强调学研结合和创新驱动的重要性。在高校项目申报中，大数据、云计算等信息技术更是成为项目基金研究的重要方向。

此外，地方政府也积极行动，推动大数据在教育领域的基础应用。北京、上海、江苏、贵州等地纷纷采取措施，利用大数据提升教育质量，促进教育公平。这些实践不仅提升了教育教学的效率，也为大数据在教育领域的广泛应用积累了宝贵经验。

同时，我国还通过建立数据共享机构，不断完善教育大数据的类别和内容。国家统计局管理的国家数据网等权威平台，发布了涵盖教育、经济、政府等多领域的数据资源。中国人民大学等高校和研究机构也设立了中国调查等数据中心，丰富了中国教育数据的类别和管理方式，为教育大数据的发展提供了有力支撑。

总之，中国教育大数据的实施现状呈现出蓬勃发展的态势，政府、学术组织和数据中心等多方力量共同推动，为教育事业的进步注入了强大动力。

2. 中国数据人才的培育现状

中国正面临着数据人才的严重短缺，特别是在互联网、企业、游戏、教育、社交、在线旅游和硬件等多个领域，缺口已超 150 万人。尽管这些数字可能存在细微的出入，但它们无疑揭示了我国数据人才匮乏的严峻现实。为应对这一挑战，教育部已率先行动，设立了云计算与应用、电子商务等专业，并新增了网络数据分析应用专业，旨在为高等教育的发展注入新的活力。这些举措不仅有助于填补大数据人才缺口，更将推动我国数据科学领域的快速发展。我们期待更多学校能够积极响应，共同培养出更多优秀的数据人才，为我国的大数据产业和数字化进程提供坚实的人才支撑。

四、大数据加速智慧教育生态体系的构建

1. 大数据加速"大平台"系统的形成

大数据时代的来临，正在催生出一种全新的"大平台"系统，为教育资源的整合与共享开辟了新的道路。大数据以其强大的汇聚与处理能力，正逐渐打破教育资源的封闭性，让教育数据以更开放、更共享的姿态呈现在人们面前。

一方面，大数据推动了教育数据和教育资源的开放。无论是政府、学校教育机构还是科研机构，它们所掌握的教育数据资源，在大数据的助力下，得到了前所未有的开放。这种开放不仅提高了数据的透明度，还极大地改善了教育政策环境，为教育决策提供了更为科学、合理的依据。

另一方面，大数据更是促进了全社会教育数据的开放与共享。这种开放不仅局限于狭义的教育领域，更涵盖了政府、企业、教育机构、公众等多方主体。通过大数据，教育数据实现了从点对点的简单共享，向多边数据交易，从一对多数据服务向多对多数据市场的转变。这种转变不仅提升了教育数据的价值，更在根本上改善了教育发展的市场环境和社会环境。

大数据的力量，还在于它能够将教育信息实现有效共享，从而缩小地区之间

的教育差距。在大数据的驱动下，教育资源信息化平台应运而生，通过互联网将教育资源进行整合和优化配置。优质教育资源在大数据的推动下，得以在更广阔的范围内流动，形成一种良性循环。这使得分享和贡献资源的渠道越来越多，学习资源的效用得到更大程度的发挥，受用的地域和人群也越来越广泛。

在这个教育资源信息化平台中，无论是学习者还是教学者，都能享受到大数据带来的便利。学习者可以通过文字、图片、音视频等多种方式，轻松实现知识学习的目的；而教学者则可以利用各种技术工具、远程教学平台、多媒体教学设备，更好地实现教学管理的目标。此外，大数据还催生出更加人性化、个性化的交互式网络课堂，为教育的发展注入了新的活力。

2. 大数据加速"大服务"体系的构建

大数据将在一定程度上助推国家教育体制改革，其中可能会涉及教育制度改革、教学资源分配改革、课程设置改革、人才培养改革、就业分配改革等多个方面。例如，国家通过部分开放和共享与入学、毕业、注册等有关的教育基础数据，充分利用大数据技术对大量历史数据进行分析挖掘，进而实现改善教育决策制定过程、优化教育政策影响和推动国家教育体制改革的目的。

（1）大数据将在很大程度上优化教育决策

经济合作与发展组织（Organization for Economic Co-operation and Development，OECD）与各成员国在教育数据库上的合作表明，现代教育政策正逐步摆脱对粗糙统计数据的依赖，转向对大规模、精细化数据的科学利用。这种转变不仅提升了数据在教育决策中的价值，更为政策制定者提供了更为全面、深入的洞察。这种借助大数据的科学化政策优势在于以下两个方面：首先，在大数据时代，随着技术的不断进步，我们拥有了分析更多数据的条件和手段。这意味着，我们不再需要依赖有限的样本数据来推测总体情况，而是可以处理和某个特别现象相关的所有数据，实现"样本等于总体"的突破。这种转变使得教育决策更加精准和可靠，避免了因样本偏差导致的决策失误。其次，大数据也让我们对精确度的追求有所转变。在传统的数据分析中，我们往往追求数据的精确性，但在大数据时代，我们更看重数据的整体趋势和宏观规律。这是因为，对于决策而言，宏观层面的把握往往比微观层面的精确更为重要。适当忽略微观层面的精确度，有助于我们更好地把握大局，制定出更具前瞻性和针对性的教育政策。因此，大数据的科学化政策优势在于其全面性和深入性。它能够帮助我们更好地理解教育现象的本质和规律，为政策制定提供更为科学、合理的依据。在未来的教育决策中，我们应该充分利用大数据的优势，推动教育政策的不断优化和完善。

（2）大数据将助推学校人才培养模式改革

通过对学习系统、考评系统等产生的海量教育数据进行分析，我们可以更精准地了解学生的学习行为轨迹，进而变革教育环境、教学模式等。具体而言，大数据可以帮助我们记录并分析学生在学习过程中的每一次鼠标点击，从而揭示他们的活动轨迹和学习习惯。通过这种方式，我们可以发现不同学生对同一知识点的不同反应，了解他们花费的时间以及哪些知识点需要重点强调。同时，大数据还可以告诉我们哪种陈述方式或学习工具更为有效，从而帮助教师优化教学内容和方法。虽然单个个体行为的数据看似杂乱无章，但当这些数据累积到一定程度时，群体的行为规律就会逐渐显现。通过分析这些规律，未来的在线学习平台将能够更好地弥补缺乏面对面交流指导的不足，为学生提供更加个性化、高效的学习体验。

（3）大数据将助推教学过程改革

在教学过程中，大数据的应用使得学习习惯、教学改进动作与学习效果之间的聚类分析成为可能，极大地提升了教学的精准性和效率。以个性化英语教育领域为例，传统的教学方式下，教师需要耗费大量时间精力去分析每个学生的学情动态，并逐一制订教学方案，这不仅使得备课时间冗长，教学成本也居高不下。然而，大数据的引入彻底改变了这一局面。在 MEL（My English Lab）这样的在线学习辅导系统中，大数据技术被广泛应用。系统能够实时分析学生个体和班级整体的学习进度、学情反馈以及阶段性成果，从而迅速发现学习中的问题，并针对性地提出解决方案。这种动态管理的方式使得教学过程更加灵活高效，也极大地提升了学生的学习效果。更值得一提的是，大数据分析系统以学生为中心，紧密围绕教、学、测三个环节组织线上学习内容与过程。在这个系统中，学生、教师、家长和机构四类用户群被有机整合在一起，各自扮演着不同的角色，共同营造出一个个性化的课堂教学、家庭辅导和自主学习管理环境。这种全新的教学模式不仅提升了教学质量，也为学生提供了更加丰富多样的学习体验。

（4）大数据将通过鼓励公众积极参与助推社会创新

社会团体和高校联盟等组织通过搭建公共教育资源共享平台，深入分析了在线学习、全民教育等学习轨迹，从而鼓励社会创新，挖掘优秀人才，并为教育数据提供增值服务。同时，众多网络公众媒体也积极开放课程资源，借助大数据精准营销，既提升了自身流量，又推动了教育资源的广泛传播。

在大数据的浪潮下，全民终身教育体系正加速形成。大数据接口与学生数据应用程序编程接口（Application Programming Interface，API）应用受到市场化进程的青睐，各种柔性教育的信息系统应运而生，致力于服务终身学习、个性化学习和学习行为支持。翻转课堂和在家上学等新型教育模式的研究，以及社交网络和教育行为信息系统可视化的探索，正如显微镜的发明一样，使教育学逐渐走向实证科学，为教育领域的创新与发展注入了新的活力。

3. 大数据加速"大教育"愿景的形成

智慧教育的"大教育"愿景主要表现在以下方面：在教学范畴上，应包括学前教育、小学教育、中学教育、职业教育、高等教育、特殊教育、全民教育等；在教育时间上，包括全日制、业余教育和终身教育；在教育对象上，涵盖从全日制学生到全民，即所有社会成员的学习，由此，现代大教育将从对部分社会成员的教育扩展到全民的教育；在教育机构上，大教育使学校教育、社会教育、家庭教育有机整合，打破了传统的单一的学校教育机构，让教育能在人类存在的所有部门进行；在教育方式上，大教育将采取教学与自学、正规教育与非正规教育、集中培训与闲暇教育等一切有效的途径、方法进行；在教育目的上，大教育观所倡导的是，学习与教育的目的是完善人性，实现个性全面发展，而不再单单是谋生或追求功利的工具与手段；在教育体系上，大教育强调教育不仅仅是学校的主要任务，同时又是相关家庭和全社会的共同义务，要积极构建家庭、学校、社会"三位一体"的教育网络。

大数据的应用正助力"大教育观"设想成为触手可及的现实，为全面实现教育愿景提供了强大动力。知识管理早已在工作领域得到广泛应用，如今在教育领域也展现出巨大潜力。上海市积极响应全民学习、终身教育的号召，构建了教育大数据服务平台。该平台不仅积累了海量的数字教育资源，更重要的是能够精准捕捉学习者在学习平台上的行为及偏好数据。这些数据为千万级学习者提供了个性化的终身在线学习服务，大大提高了教育资源的共享和利用效率。基于大数据的分析，教育者可以更加精准地因材施教，优化教学过程，从而显著提升教学质量。同时，这些数据也为教育政策的调整提供了宝贵的决策支持，通过建立基于大数据的优质教育资源开发、积累、融合、共享服务机制，为全体学习者打造了一个个性化与推送相结合的终身学习在线服务模式，真正实现了大教育的理念和目标。

基于以上分析，我们认为，随着大数据在教育中的广泛应用，其影响力和价值将日益凸显。大数据的开放性、服务性和智慧性特质，为构建教育"大平台"系统、"大服务"体系及实现"大教育"愿景提供了强大动力。由此，一个开放、自循环且可持续发展的教育生态体系将逐渐形成。在这一体系中，大数据的广泛应用将促进教育资源的免费开放、共享与交换，进而提升国家、社会、企业、学校及家长、学生等各方对教育资源的使用效率。这种高效利用不仅有助于改善教育政策环境、市场环境和社会环境，为智慧教育奠定坚实基础，更能通过丰富教育产品和服务体系，进一步完善教育产业链。大数据的深度应用将驱动国家优化教育决策制定，推动区域教育均衡发展，实现教学过程的智慧化和管理的精细化。这将有助于构建一个可持续的教育生态系统，满足不同层次、不同年龄段人群的全生命周期教育需求。

第二节　大数据时代的信息化教学改革

一、翻转课堂、MOOC 和微课程

大数据的兴起正深刻改变着人们的思维与工作方式，为信息化教学的革新铺平了道路。翻转课堂、大型开放式网络课程（Massive Open Online Courses，MOOC）和微课程等教学模式的兴起，正是大数据推动教育变革的生动体现，它们引领了教育领域的第一波浪潮，预示着教育的新未来。

1. 翻转课堂触摸教育的未来

翻转课堂，这一教学模式起源于美国。其两大经典范本一个来自科罗拉多州林地公园高中的两位科学教师，另一个则来自孟加拉裔美国人萨尔曼·汗。二者都采用了相似的模式：课前让学生观看教学视频，课堂上则侧重于完成作业、研讨或实验，教师在学生遇到难题时提供个性化的指导。这种创新的教学方式不仅提高了学生的学习成绩，更增强了他们的学习信心，获得了学生、家长和教师的高度认可。

特别是萨尔曼·汗的翻转课堂实验，它揭示了人性化学习的重要原理，打破了传统课堂教学结构的束缚。通过翻转课堂，学生的学习方式变得更加灵活和个性化，从而提升了学习效果。比尔·盖茨更是赞誉萨尔曼·汗预见了教育的未来。

在萨尔曼·汗的观察中，他发现了导致"学困生"现象的真实原因。在传统教学模式下，学生通常按照固定的流程听课、做作业、考试，无论得分如何，课程总是不断推进。然而，这样的模式往往忽视了学生的个体差异和学习需求。即使得到高分的学生，也可能对某些知识点存在困惑，而这些问题在未能及时解决的情况下，会进一步累积并影响后续学习。

翻转课堂创造了人性化学习方式。学生在家中观看教学视频，可以根据自己的实际情况和需求，自由调整学习进度。他们可以随意暂停、倒退、重复或快进视频，以便更好地理解和掌握知识。此外，如果忘记了之前学过的内容，学生还可以随时回顾视频，确保知识的连贯性和完整性。萨尔曼·汗发现，那些愿意在难点上多花一点时间的学生，一旦突破了障碍，他们的学习进步会非常快。这种学习方式正是翻转课堂所倡导的，允许学生根据自己的实际情况和需求自由调整学习进度。

人性化学习强调个体差异与需求。其中，教师对遇到困惑的学生提供个性化指导至关重要。在翻转课堂的实践中，学生课前通过教学视频自主学习，课堂则转变为完成作业、研讨或实验的场所。这时，教师借助"学习管理平台"实时跟踪学生的学习进度，一旦发现有困惑的学生，便迅速介入并提供一对一的指导。这种教学方式有效解决了传统课堂中"一刀切"的教学问题，使教学效果显著提升。

翻转课堂不仅体现了人性化学习的理念，更凸显了大数据在促进信息化教学变革中的关键作用。萨尔曼·汗成功地将关联物之间的相关关系分析方法引入教育领域，他开发的软件能够帮助教师迅速识别需要帮助的学生，这正是大数据预测在教育领域的成功应用。

在洛斯拉图斯学区的实验中，学习管理平台发挥了巨大作用。这个平台能够实时反映每一位学生的学习状况，通过绿、蓝、红三种颜色标识学生对不同概念的掌握情况。绿色代表已掌握，蓝色代表正在学习，红色则代表在规定时间内未完成学习。教师只需一眼望去，便能迅速了解学生的学习进度和困惑所在，从而有针对性地提供个性化指导。这种精准的教学方式大大降低了产生"学困生"的可能性。

2. MOOC 风暴来袭放大翻转课堂效应

2012年，MOOC 如雨后春笋般涌现，其中 Coursera、Udacity 和 edX 堪称领军者。这些平台不仅为学习者提供了获取学分的途径，更成为充实生活与职业生涯的宝贵资源。

以斯坦福大学的"人工智能导论"课程为例，该课程由 Sebastian Thrun 和 Peter Novig 教授开设，吸引了全球 190 个国家的超过 16 万人注册，最终有 2.3 万人完成学习。尽管从通过率来看，14.375% 的数字似乎不高，但若从合格人数的绝对值来看，这一数字足以在名校史上留下浓墨重彩的一笔。

哈佛大学和麻省理工学院强调，MOOC 的初衷并非取代传统的课堂教育，而是作为课堂教育的有益补充和改善手段。麻省理工学院校长苏珊·霍克菲尔德更是明确指出，在线教育并非住宿制学院教育的敌人，而是推动教育进步的重要力量。在麻省理工学院，选修 MOOC 的学生需要在有监考老师的教室中进行测试，以确保学习的真实性和有效性。事实上，一些教授已经开始从 MOOC 中汲取灵感，尝试将在线教育的优点与传统课堂教育相结合。例如，Michael J. Cima 教授使用 MOOC 的数据进行平行分析，发现在线学习的效果有时甚至优于传统的课堂学习。这促使他考虑将 MOOC 教学中的一些自动评估工具引入到传统课堂教学之中，以进一步提升教学质量和效率。目前，这三家主流机构的 MOOC 课程数量已经超过 230 门，涵盖了理工类等多个领域，为广大学子提供了丰富多样的学习选择。

在英国，教育界的变革风潮愈演愈烈。爱丁堡大学和伦敦大学相继加入 Coursera，与此同时，伯明翰大学、卡迪夫大学等 12 所知名学府联手创建了全新的 MOOC 平台——Future Learn LTD。这不仅是英国高等教育的重大突破，更是全球教育领域的崭新里程碑。与此相呼应，一份名为《雪崩来了》的报告震撼了整个英国教育界。报告指出，全球高等教育正迎来一场前所未有的革命，其背后的主要推手便是网上大学的崛起。面对这一不可逆转的趋势，英国的大学再也不能坐视不理，必须积极应对，主动融入这场革命。

随着全球 MOOC 浪潮的兴起，中国的大学也开始积极应对。2013 年，上海市率先推出了"上海高校课程资源共享平台"，为 30 所高校的学生提供了全新的选课体验。复旦大学"哲学导论"等 7 门课程更是实现了校际学分互认，这标志着中国大学开始正式涉足 MOOC 领域。虽然这 7 门课程目前主要面向学历教育，但其强调学习过程、融入多元评价机制的特色，与 MOOC 的理念不谋而合。同年 5 月，清华大学与北京大学也紧跟潮流，加盟了 edX。清华大学将组建高水平教学团队与 edX 对接，计划推出 4 门课程面向全球学子。其中，电路课的在线教育已进行小规模实验，备受瞩目。北京大学则申报了 14 门课程，涵盖文理多个学科，为学子们提供了更为丰富的选择。一旦北大 edX 课程上线，校内学生选修相关课程时，将多了一个"edX"课堂，这无疑为学生们提供了更为广阔的学习平台。

MOOC 的崛起，使得萨尔曼·汗所倡导的"用视频再造教育"的学习模式迅速渗透到高等教育领域，甚至发展到了可以通过选修 MOOC 获得学分、进入正轨教育的阶段。这种变革不仅影响着高等教育，也对基础教育实践产生了深远影响。我国中小学校纷纷响应，微课程等新型教学模式应运而生，为教育领域注入了新的活力。

3. 微课程兴起：回应翻转课堂和 MOOC 浪潮

微课程作为一种新型的教学模式，汲取了翻转课堂的核心理念，利用微课程资源，使学生在家中便能进行自主学习。学习过程中，学生可根据自身需求暂停、倒退或重放视频，从而个性化地达成学习目标。若遇到难题，学生可将问题记录下来，以便在课堂上得到教师的指导。而课堂时间则更多地用于完成作业、进行实验和参与工作坊等活动，使学生能够更深入地理解和应用所学知识。这种教学模式无疑带有浓厚的"翻转课堂中国化"特色。

微课程的灵感还源于视觉驻留规律。一般而言，人的注意力集中有效时间约为 10 分钟，因此微课程视频的长度被精心设计为 8 至 12 分钟，既保证了知识的完整传达，又避免了学习者因长时间观看而产生视觉和听觉疲劳。在视频播放过程中，还巧妙地设置了暂停环节，并增加了测试与互动，使学习变得更为生动有趣。对于中小学生而言，这些微课程视频更是前置学习的重要资源，有效提升了他们的学习效率和兴趣。

如今，微课程已经开始对我国中小学信息化教学实践产生深远影响。2012年 9 月，教育部教育管理信息中心举办了第一届"中国微课大赛"，旨在推广和普及微课程理念，提升教师的微课制作水平。2013 年 5 月，由中国教育技术协会、全国高等学校现代远程教育协作组、中国学习与发展联席会联合举办的首届"全国微课程大赛"更是将微课程的影响力推向了新的高度。这两大全国性大赛的举办，无疑为微课程变革信息化教学注入了强大的动力，预示着微课程将在基础教育领域发挥越来越重要的作用。

此外，微课程的迅速发展也与大数据创新发展的方向相契合。随着微课程实践的不断积累，微课程群的形成将成为可能。而微课程群的应用又将产生大量的新数据，这些数据将有利于进行大数据分析与挖掘，进而发现与预测教育领域的创新应用。可以说，微课程与大数据的结合将为教育领域的未来发展开辟更加广阔的道路。

二、新的资源观、教学观和教师发展观

翻转课堂与微课程的核心在于信息化教学的前移，这一变革催生了全新的资源观、教学观和教师发展观。在大数据的时代背景下，这些观念应运而生，不仅重塑了教学模式，而且推动了教育的深度变革，为未来的教育发展指明了方向。

1.新资源观：变教师上课资源为学生学习资源

随着信息技术的迅猛发展，信息化教学已成为教育领域的重要趋势。在这一背景下，传统的资源观正逐渐发生转变，新的资源观强调将教师上课资源转变为学生学习资源，以满足学生个性化、多样化的学习需求。

首先，新的资源观注重资源的个性化和适应性。在传统教学模式中，教师往往依据教材和教学大纲设计教学内容和教学资源，这种方式很难满足不同学生的学习需求和兴趣。而新的资源观则强调根据学生的个体差异和学习特点，提供具有针对性的学习资源。这些资源可以是针对不同学习水平的分层教学资源，也可以是针对不同兴趣爱好的多元化教学资源。通过这样的方式，每个学生都能在适合自己的学习环境中得到发展。

其次，新的资源观强调资源的互动性和参与性。传统的教学资源往往是单向传递的，学生只能被动地接受知识。而新的资源观则注重资源的互动性和参与性，鼓励学生积极参与学习过程，与资源进行互动。例如，可以利用在线学习平台、学习社区等工具，为学生提供交流、讨论、合作的机会，让学生在互动中深化对知识的理解和掌握。

此外，新的资源观还注重资源的开放性和共享性。在信息化时代，教育资源的获取和分享变得更加便捷。新的资源观鼓励教师将优质的教学资源上传到网络平台，与其他教师共享，形成教育资源的共建共享机制。这样不仅可以提高教育资源的利用效率，还可以促进教师之间的交流和合作，从而推动教育教学的共同进步。

2. 新教学观：信息化教学前移

信息化教学前移是新时代教育发展的必然趋势。它强调在教学活动开始之前，充分利用信息技术手段进行教学的准备、设计和优化。这种前移的教学观，不仅为教学创新提供了更广阔的空间，也为学生自主学习能力的培养奠定了坚实基础。

首先，信息化教学的前移体现在教学准备阶段。教师可以通过网络平台收集、整理和分析学生的学习数据，从而深入了解学生的学习特点和需求，为后续的教学设计提供有力的依据。同时，教师还可以利用信息技术手段制作丰富多样的教学资源，如课件、视频、音频等，为课堂教学提供有力支持。

其次，信息化教学前移也体现在教学设计阶段。教师需要根据学生的学习需求和特点，结合教学内容和教学目标，设计具有针对性、互动性和创新性的教学方案。在信息化教学手段的帮助下，教师可以打破传统课堂的时空限制，采用线上线下相结合的教学方式，为学生提供更加灵活、便捷的学习体验。

此外，信息化教学前移还体现在教学优化阶段。在教学过程中，教师可以通过信息技术手段实时监测学生的学习情况，及时发现问题并进行调整和优化。例如，利用在线测试系统对学生的学习成果进行检测和反馈，帮助学生查漏补缺；利用在线学习社区为学生提供交流和合作的机会，促进知识的共享和传播。

信息化教学前移的优势在于它能够更好地适应信息化时代的教学需求。通过信息技术的应用，教师可以更加全面地了解学生的学习情况，制订更加精准的教学方案；学生可以更加便捷地获取学习资源，实现个性化学习；师生之间的互动和交流也更加频繁和深入，有助于提高教学效果和学习效果。

然而，信息化教学前移也面临着一些挑战和困难。例如，教师需要具备较高的信息素养和技术能力，才能有效地利用信息技术手段进行教学；学生也需要具备一定的信息技术基础和自主学习能力，才能更好地适应信息化教学方式。因此，推广和应用信息化教学前移，需要加强对教师和学生的培训和指导，以提高他们的信息素养和能力水平。

3. 新教师发展观：新素养、新"微格"、新职能——转型呼之欲出

在信息化教学的时代背景下，教师角色的转型已成为一种必然趋势。新的教师发展观强调教师应具备新素养、掌握新"微格"、承担新职能，以适应信息化教学的需求。

（1）发展教学新素养

在信息化教学的大背景下，微课程作为一种创新的学习方式，正日益受到广

大师生的青睐。微课程不仅将原有课程进行了科学分解，更融入了目标、任务、方法、资源、作业、互动与反思等多元要素，从而构建了一个完整而紧凑的学习体系。这一变革对教师的专业素养提出了全新的挑战与要求。教师们不仅要掌握传统的教学技能，更需要在信息化教学、可视化教学等领域深化学习和实践。这意味着他们需要掌握各种教学资源的制作技术，从录屏软件到交互式电子白板，从 PPT 到录像，每一种技术手段都可能成为微课程制作中的得力助手。而为了确保学生的学习体验，这些教学资源最终应以视频格式呈现，方便学生随时暂停、回放，确保学习的连贯性和深度。

然而，技术的掌握只是冰山一角。信息化教学更要求教师在视听认知心理学、音视频技术等领域有所涉猎，以便更好地理解和满足学生的学习需求。同时，艺术修养和批判性思维也是不可或缺的一部分。艺术修养能让教学资源更具吸引力，而批判性思维则有助于教师在海量信息中筛选出最有价值的教学内容。这些新的教学素养与传统教学素养相辅相成，共同构成了教师专业素养的新内涵。它们不仅拓宽了教师实施教学最优化的视野，也提升了其实际操作的能力。正如诺能·普莱士教授所言，录制视频讲座这种教学方式，将他的教学推向了一个更高的水平。这不仅是技术的胜利，更是教师专业素养新提升的有力证明。

（2）养成"新微格"常态化反思习惯

在信息化教学的前移浪潮中，教师角色的转变与自我提升显得尤为关键。其中，养成"新微格"常态化反思习惯，无疑是教师专业成长的重要一环。

"新微格"概念的提出，源自信息化教学背景下教师制作微课的日常实践。每当微课制作完成，教师都会播放审查，这既是对自己劳动成果的欣赏，也是对教学内容细节的挑剔。这一过程，与传统微格教室中的录课、切片、反思环节不谋而合。但"新微格"的特别之处在于，它打破了空间限制，只需一台电脑、一套耳麦，教师便可随时随地进行微课录制与自我反思。

"新微格"的普及，使教学反思成为每位教师的日常习惯。它不再是"贵族"微格教室的专属，而是变成了每个教师都可拥有的"平民"工具。这种常态化反思不仅有助于教师及时发现问题、改进教学方法，更能推动其专业能力的持续提升，实现日日精进。

（3）从"演员"到"导演"，教师新职能呼之欲出

在信息化教学前移的新时代背景下，教师的角色正经历着深刻的转变。他们不再单纯是教案的"演员"，而是教学设计的"导演"。这一转变的核心在于，

教师需精心策划"自主学习任务单"，并准备富有启发性的教学视频，以激发学生的自主学习热情。教学视频，作为自主学习的重要载体，承载着教师的智慧与期望。它不仅要传授知识，更要培养学生的自主学习能力。而课堂上的教师，则更多扮演着指导者和组织者的角色，他们耐心解答学生的困惑，引导他们深入思考，不断拓展学习的深度与广度。

这种转变，让教学职能的重心从传统的讲授转向了设计、组织、帮助与指导。教师不再是单向的知识传递者，而是成为学生学习道路上的引路人。信息化教学前移，正是教师从"演员"向"导演"转型提升的绝佳契机。

三、大数据促进信息化教学改革的关键

1. 明确信息化教学目标应具有科学性和弹性

教师需深刻理解信息技术的核心作用，认识到它不仅仅是教学工具，更是引发教学环境和模式变革的催化剂。信息化教学的根本目标在于有效提升学生的学习效果，其核心在于学生能否真正"学会"，并促进教学活动的深入开展。为实现这一目标，我们设定的教学目标必须具有科学性，紧密结合学科特点和学生学习规律，确保教学内容的准确性和有效性。同时，教学目标还应具备弹性，以适应不同学生的学习需求和进度变化。这种弹性不仅体现在教学进度的调整上，更体现在教学方法和手段的灵活运用上。通过科学性和弹性化的教学目标设定，我们可以更好地发挥信息化教学的优势，将其新模式和新方法充分融入日常教学中，从而不断提升教学实效，推动教育教学的创新发展。

2. 信息化教学情境要具备协调性和流畅性

在信息化教学的实施过程中，创设的情境需兼具协调性与流畅性，以确保教学的顺利进行与学生的高效学习。这要求我们将信息化教学要素的特征与实际情况紧密结合，确保各要素间的和谐统一。在设定教学目标时，我们应着重强调育人的核心目标，避免过分夸大信息技术在教学中的作用。信息技术的运用应服务于教学内容，而非替代或夸大教学内容本身。因此，在选择信息技术时，需结合具体的教学内容，以确保所选技术能够贴切地服务于教学情境的创设。同时，信息化教学情境的创设需与其他教学要素保持有效协调。任何要素的变化都可能影响整体教学情境，因此我们必须确保各要素之间的紧密配合，以实现信息化教学的高度协调性。

此外，信息化教学不仅要求情境的协调，更要求实践过程的流畅。这对教师

的教学水平和专业知识技能提出了较高要求。只有具备高超教学水平和扎实专业知识的教师，才能在实际教学过程中营造出轻松活跃的教学氛围，引导学生积极参与教学活动，从而真正实现信息化教学的目标。

3. 信息化教学策略要具有合理性和灵活性

教师利用教学策略开展教学活动，旨在达成学习目标，其中所采用的教学方法和技能都是教学策略的重要组成部分。教师在设计信息化教学策略时，必须紧密结合教学规律，确保策略的有效性。同时，教学策略的制定还需具备合理性和可行性，充分考虑到教学中的各种影响因素。这些策略不仅要与教学目标紧密结合，还要结合实际的教学环境和学生的具体情况，以充分发挥教学设计的教学优化作用。

值得注意的是，信息化教学的开展情况往往多变，预先设计好的教学方案可能会遇到各种困难和阻碍，无法得到有效实施。因此，教师在制定教学策略时，需要具备一定的灵活性和创造性。他们应结合实际的教学情况，选择最适合的教学策略，并准备替补方案，以确保教学活动的顺利进行。

四、大数据背景下信息化教学改革策略

在大数据及信息化技术的推动下，各院校纷纷推进数字校园、智慧校园的建设，旨在搭建完善的信息技术平台，对学校管理、科研管理、后勤服务加以整合，打造数字化、信息化校园，促进教学实效性的提升，全面提高学校的教学、科研、社会服务水平。为了推动信息化教学改革，应从如下几点着手。

1. 加强信息化平台建设，深化教学方法的创新

作为教学改革的核心，教学方法的创新关乎学校教学质量的提升，因此，应注重结合素质教育、创新教育等战略方针的指引，探索多样化、高效性的教学方法，将信息技术全面引入教学工作中，推进现代化教学理念，切实提升教学实效性。对于教学方法功能而言，应促进其由教给知识朝着教会学习方向转变；就教学方法结构而言，应由讲解朝着讨论、研究方向转变；就教学方法运用方面而言，应由传统方式朝着现代化教育技术的应用方向转变。具体应用教学方法时，应注重加强信息化平台建设与利用，为学生构建可供交流、研讨、自主学习、实践探索的平台，全面开启研究、启发、开放式教学。

2. 增强问题意识，着力促进教学内容的改革

在如今这个大数据时代，教学内容不仅是最基础的内容，也是信息化教学改

革的重点所在。高质量教学内容不是简单的课本修补，而是把教学课程和信息技术深度结合起来，从而实现教学内容的信息化。完整性和系统性不是教学内容应该追求的目标，应用性和针对性才是改善教学内容的根本所在。因此，必须从学生角度出发，着力解决他们的思维能力和解决问题能力。突出问题意识，在改革教学中以解决问题需要为基础，强化问题意识，思考、研究和解决问题，从而提高学生知识掌控能力和综合素养。

3. 树立资源开发与共享意识，推进信息化平台的构建

学校应充分认识到资源共享、开发与利用的重要性和必要性，切实推进信息化平台的构建，为资源开发、利用、共享提供平台。一方面，学校应加快推进微课、精品课程的建设，注重引进现代化教学软件，构建数据库，促进资源、信息的共享。随着教师、学生需求的日趋多样化，学校应搭建信息化平台，并提供更全面、丰富的资源信息。另一方面，应加快促进基础设施建设，完善基本服务。全力打造现代化校园网，提供诸如有线网络、Wi-Fi 服务、信息平台二维码、学校信息平台微信公众号等基础网络服务功能，为学生、教师提供完善的信息化环境。此外，还应促进系统信息的共享。注重提供人力资源、学生信息、精品课程信息、教学信息、文献资源信息、就业库等信息查询服务，同时，注重实现同校园网的连接，完善互联网、论坛、微博、FTP 等资源整合，全面提升数据共享程度。注重搭建师生信息库，提供多种类型的教学资源、网络课程、专业资源信息库等服务，同时，利用大数据技术，对此类数据加以整合，促进应用扩展。

第三节　大数据时代的高等教育管理

一、大数据时代教师的教学

大数据时代对教师提出了新的要求，教师要充分利用网络资源，运用基于任务的教学方法和多元化的教学策略。以创新的技术和教学模式激发学生学习兴趣，充分利用团队合作的方法，让学生学会合作、数据资源共享、协同学习以完成任务。在教学中，教师不再仅仅是知识的灌输者，而是成为学生学习的促进者和学术探究的合作者。他们通过生动的实例引导学生进入课题，提出问题，激发学生的好奇心和求知欲。利用丰富的多媒体数据信息，教师能够创设出轻松活泼的课

堂气氛，让学生在愉悦中学习，更直观地了解专业内容，感受到学习的实用性。此外，教师还应鼓励学生尝试总结知识点并拓展应用，培养学生的自主学习能力。在教师的引导下，学生能够自己总结课堂知识，并由教师进行补充和修正，从而加深对知识的记忆和理解。这种教学方式不仅有助于理论知识的积累，更能将理论知识与实践操作相结合，提高学生的综合素质。

在大数据时代，教师要敢于挑战传统，勇于创新，以全新的教学理念和方法培养学生敢于思考、勤于动手的能力。只有这样，才能培养出适应时代需求的高素质人才，为社会的进步和发展贡献力量。

1. 大数据时代，海量教学资源让人欣喜，谨慎选择更是关键

在大数据的时代浪潮下，教育领域迎来了前所未有的变革。海量教学资源的涌现，让我们欣喜于学习的无限可能，但如何选择、如何应用，却成了一个关键的问题。如今，互联网上的教学信息资源如繁星点点，精品课程、名师课件层出不穷，这无疑为学习者提供了丰富的选择。许多高校更是结合自身的办学特色，构建了各具特色的教学资源库，通过在线学习视频和网络平台，让学习变得随时随地、随心所欲。

2. 大数据时代，对枯燥学习说不

大数据不仅丰富了学习资源，更改变了我们的学习方式。传统的课堂讨论，如今可以延伸到网络世界的每一个角落。人人网、微博、邮件等社交媒体平台，成为学习交流的新阵地。这种开放式的主动学习模式，打破了时间和空间的限制，让学习变得更加自由、灵活。它彻底改变了传统课堂那种枯燥、被动的学习形式，让学习变得充满乐趣和动力。

3. 大数据时代，预测、了解、评估教学行为如此简单

大数据在教学行为的预测、了解和评估方面，更是展现出了惊人的潜力。通过收集和分析大量的反馈数据，我们能够更加准确地了解学生的学习状况和需求，为他们提供个性化的学习方案。这种个性化学习不再是为一组类似的学生定制，而是真正迎合每个学生的个体需求。同时，大数据还可以帮助我们预测学生的学习趋势，优化学习内容、时间和方式，从而提高学习的效率和质量。

简而言之，对教育大数据进行挖掘和分析，可以探索教学方法、教学环境、教学评价、学习内容、学习时间和学习方法等变量与学习者学习效果的相关关系，对于解密"教学黑箱"、明晰教学过程、提高教学的有效性具有重要作用。

二、大数据时代学生的学习

1. 基于大数据的个性化自适应学习过程

美国《通过教育数据挖掘和学习分析促进教与学》报告中给出了学习者自适应学习结构及数据流程，能够分析显性数据和隐性数据，构建学习者特征模型，然后向其提供适应性的学习路径、学习对象等，同时教师也能根据学习者的学习行为、学习需求实施个性化指导和干预。

因此，基于大数据的个性化自适应学习系统需要考虑到利用协同过滤技术，向学习者推送与其有相同或相近兴趣偏好的学习者的学习信息，即整个学习过程既实现了学习者控制学习、自我调节学习，教师个性化干预指导，又实现了系统根据用户适应性特征推送资源进行学习，或推送具有类似学习兴趣偏好的学习者在学习过程中产生的信息以辅助学习。

2. 个性化自适应在线学习分析模型

在大数据时代背景下，个性化自适应在线学习分析模型成为提升教育效果的关键。这一模型不仅关注每个学生的个性化特征，更致力于从海量数据中挖掘出有价值的个性化学习信息。其构成主要包括数据与环境、关益者、方法和目标四个核心要素。

首先，我们来看数据与环境。数据环境是模型的基础，涵盖了自适应学习系统、社交媒体、传统学习管理系统以及开放学习环境等多个方面。在这些环境中，学习者与学习者、学习者与教师、学习者与资源之间的交互产生了海量的数据，包括结构化、非结构化和半结构化数据。这些数据主要来源于自适应学习系统中的读、写、评价、资源分享、测试等活动以及交互生成性数据。为了有效利用这些数据，我们需要考虑如何将开放、碎片化和异构的数据进行有效聚合，从而帮助学习者主动建构知识资源。

其次，关益者也是模型中不可或缺的一部分。关益者包括学生、教师、智能导师、教育机构、研究者和系统设计师等。学生作为学习的主体，需要具备自组织学习的能力，同时我们也要保护其用户信息，防止数据被滥用。教师则根据学习者的信息调整教学策略，实施干预。智能导师则根据学生的学习风格、兴趣偏好和知识水平等特征，个性化地推荐学习资源和学习路径。教育机构则通过分析数据来识别存在潜在问题的学生，发出警告并实施干预，以提高学生成绩和改善出勤、升学等情况。

再次，方法是实现个性化自适应学习的关键。为了全面记录、跟踪和掌握学习者的不同学习特点、需求、基础和行为，并为他们打造个性化学习情境，我们需要采用一系列大数据分析方法，包括数据统计、知识可视化、个性化推荐、数据挖掘和社会网络分析等。综合运用这些方法，我们可以构建出一个性能良好、可用且可扩展的个性化自适应学习分析系统，为提升学生学习成绩提供有力支持。

最后，目标是模型努力的方向。大数据学习分析旨在实现监控 / 分析、预测 / 干预、智能授导 / 自适应、评价 / 反馈、个性化推荐和反思等目标。通过制定相应的测量指标，我们可以实现学习者对学习的控制和适应性学习，实施有效的教学策略，并呈现个性化、可视化的学习路径、资源、同伴和工具等。这些目标的实现将有助于提升学生的学习效果和学习体验。

综上所述，个性化自适应在线学习分析模型是一个综合考虑学生个性化特征、数据环境、关益者、方法和目标的综合体系。通过充分利用大数据技术和方法，我们可以实现对学生学习过程的全面记录、分析和优化，从而为他们提供更加精准、个性化的学习支持。这将有助于推动教育领域的创新和发展，培养出更多具有创新精神和实践能力的人才。

三、大数据时代学校的管理

1. 大数据优化教育管理

大数据为教育管理带来了前所未有的变革，为其打造了一个平和且开放的平台。在这一平台上，教育者能够轻松获取所需数据，并对其进行灵活的添加、修改和分享。更为关键的是，大数据不仅涵盖了海量的系统内数据，还整合了系统外的社会数据和资源，这些数据多变且生成性强，对教育决策具有举足轻重的影响。

大数据的引入使得教育管理变得更为具体化。教育管理与教育活动紧密相连，两者相辅相成。大数据能够全面记录教育过程中的各种信息，包括教育主题、活动内容和结果等，这些数据需要及时处理，从而使得教育管理更加具体、细致。

此外，大数据还促使教育管理向专业化和简约化方向发展。教育管理系统不仅是一个远程存储教育数据的仓库，更是一个专业的数据处理平台。它能够对海量数据进行高效、简洁的处理，使得教育管理过程更加专业、高效。

2. 大数据教育管理模式

教育管理大数据应以"主体、客体、资源、目标"为核心构建一个共享的多媒体教育云，利用云技术提供教育服务，提供多个终端的个性化需求以及合理公平的教育资源配置。那么，大数据教育管理的新模式应该是怎样的呢？

首先，我们需认识到教育管理主体的多元化。随着教育管理的多样化和专业化趋势加强，单一的管理主体已难以满足需求。管理系统的多样化为社会机构提供了参与教育管理流程的机会，使得他们成为重要的第三方力量。而校长和教师，作为教育管理的第一责任人，其角色和职责也愈发凸显。

其次，教育对象作为一切教育数据的来源，其重要性不言而喻。除了学校内部的校长、教师和学生，社会上接受教育的其他人士同样是教育管理的关注对象。他们的学习行为、需求和反馈，都是构建大数据教育管理模式不可或缺的要素。

再次，教育管理资源的主导地位不容忽视。其中，人才资源是核心，财务资源是基础配置，知识资源则包括教育内容、教育理论、教育方法和教育经验等，它们共同构成了教育管理的知识体系。而技术资源，作为生产力的重要组成部分，满足教育服务的多样化需求，推动教育管理模式的创新。

最后，大数据教育管理的目标指向明确。我们致力于建设以智慧教育为标志的现代教育治理体系，构建基于数据的现代化教育公共服务体系。同时，提升教育管理主体和教育服务对象的数据挖掘能力，实现教育管理模式的根本转变，推进教育的智慧化发展。

3. 大数据将教育决策推向科学性

大数据时代的到来，为教育决策带来了前所未有的科学性和精准性。传统的教育政策制定往往依赖于经验总结和有限的理解，难免存在主观性和片面性。然而，在大数据的支撑下，我们得以更精细地捕捉教育各层面的变化数据，揭示其中复杂的相关与因果关系。这使得教育治理与政策决策中的危机得以转化为机遇，为决策者提供了更为全面、坚实的决策基础。

大数据不仅提高了决策的质量，更使教育决策从意识形态的偏见中脱离出来。通过深入分析海量数据，我们能够更客观地了解教育现状，发现潜在问题，提出针对性的解决方案。这有助于我们制定出更符合实际、更具前瞻性的教育政策，推动教育事业的持续健康发展。

4. 大数据助力质量管理

大数据的崛起，继超级计算机和云计算技术之后，为教育领域带来了革命性的变革。它不仅为高等教育运行数据的汇聚、结构化、统计分析及指数计算提供了综合与精良的工具，更为各级教育质量管理打开了新的大门。在大数据的助力下，无论是初等、中等还是高等教育，我们都能建立起全面、实时、动态的教育质量监控体系。这一体系犹如一双敏锐的眼睛，时刻关注着教育质量的点滴变化。通过对这些变化数据的深入分析，我们能够精准地识别出影响教育质量的各种因素，从而有针对性地进行调控。

这样一来，教育质量不再是一个模糊的概念，而是变得可量化、可调控。大数据的应用，无疑为提升教育质量提供了强大的技术支持，让我们的教育事业更加科学、高效。

第七章 ↘ 大数据时代的城市交通

在智慧城市的建设浪潮中，伴随着我国国民经济的持续快速发展及城镇化进程的加快，城市机动车数量与日俱增。交通拥堵和交通污染情况日益严重，交通违章与交通事故频繁发生，这些日益严重的"现代化城市病"，逐渐成为阻碍现代化城市发展的瓶颈。因此，智能交通备受公众关注。

在智能交通的背后，大数据扮演着至关重要的角色。交通管理离不开大量的传感器数据，这些数据不仅数量庞大，而且类型多样。从各类交通运行监控、高速公路流量监控、气象监测，到公交、出租车等 GPS 数据，每一秒都在产生海量的数据。在广州这样的大城市，2017 年每日新增的城市交通运营数据记录就已经超过 12 亿条，每天产生的数据量达到 150～300 GB，数据量之大可见一斑。

中国智能交通协会理事长吴忠泽曾指出，大数据将实现交通管理系统的跨区域、跨部门集成，使得交通资源的配置更加合理。这不仅将极大地提升交通运行效率，还能显著提高安全水平和服务能力。大数据的应用，如同为交通管理注入了强大的正能量，让管理效率成倍提升。为了建设现代化的智慧交通，及时、准确地获取交通数据并构建相应的处理模型显得尤为重要。而大数据技术正是解决这一难题的关键。通过大数据的分析和挖掘，我们能够更好地理解交通运行的规律，为交通管理提供科学、精准的决策支持。

第一节　城市交通概述

交通规划和建设决策、方案的制定，需要对交通系统的发展和演变过程进行准确的把握。不仅需要关注交通需求总量的变化，还需要了解交通需求的结构；不仅需要关注道路交通设施的建设，还需要加强道路交通系统与地面公交系统、轨道交通系统等之间的有效衔接。因此，需要充分利用城市交通大数据资源和分析技术，全面分析城市综合交通系统的现状和发展趋势，为交通规划方案制定、交通建设项目的可行性研究提供决策依据。

一、城市交通建设

1. 交通规划过程中的决策与信息分析

当前，我国正经历着快速城镇化的浪潮，这一进程给城市交通系统带来了前所未有的挑战。随着城市空间的不断扩张，新城和大型居住社区如雨后春笋般涌现，这些区域往往以中低收入居民为主，但公共交通服务却相对滞后。这要求我们的公共交通系统，在追求运营经济性的同时，还需灵活应对，积极向这些新兴区域延伸，确保每一位市民都能享受到便捷、高效的交通服务。与此同时，城市产业结构的调整也在悄然进行。中心城区逐渐从第二产业向第三产业转型，大量的工业用地被置换为商业、服务业用地。这导致了中心城区的就业岗位数量激增，而居住人口却在不断外流，使得职住分离现象愈发严重。这种变化带来的交通需求，更多地集中在商务、游憩等非日常活动上，这些活动对交通的时效性、频率要求更高，使得城市交通压力进一步加大。

随着城镇化的深入，城市交通的性质也在发生深刻变化。我们不再仅仅关注单一城市的交通问题，而是要将视野拓展到整个城市群，构建紧密关联的交通体系。同时，非日常交通的比重逐渐上升，通勤交通的主导地位受到挑战。这意味着我们在交通规划和管理上，需要更加注重多样性和灵活性，采用包括政策在内的多种手段，以满足不同人群的出行需求。面对这些挑战，传统的交通系统分析理论和方法已显得力不从心。我们需要不断探索和创新，寻找更加适合当前城市交通发展实际的解决方案。

城市交通规划设计技术体系可谓庞大而复杂，涵盖了交通规划类、交通工程前期类以及交通专题研究类等多个项目。这些工作的顺利进行，离不开交通模型分析技术的有力支撑。交通模型分析技术在城市交通决策中发挥着至关重要的作用，特别是在避免重大经济风险方面。在交通模型分析技术的初期应用阶段，其主要目标是依托科学的模型分析，为决策者提供慎重且准确的决策依据。工程师们会采用多种模型架构，如"四阶段"交通需求预测模型、网络交通流分析模型以及交通行为分析模型等，根据交通调查数据进行建模工作。同时，他们还会利用实测数据对模型参数进行精确标定，以确保模型的准确性。然而，尽管交通模型分析技术在城市交通决策中占据主导地位，但其可信度却面临着较高的要求。虽然交通模型理论与技术经过数十年的发展，在说明和预测能力上取得了显著进步，但与期望水平之间仍存在较大差距。

传统交通模型分析技术存在的一些不足不容忽视。首先，城市居民出行数据的获取主要依赖于综合交通调查，这种调查通常每 5~10 年进行一次，抽样率仅为 2%~5%。数据调查组织复杂、工作量大且精度难以把控，导致所得数据在代表性和时效性方面存在不足。此外，只能使用 1 日的调查数据构建现状 OD 矩阵，这进一步加剧了数据代表性的问题。特别是在当前快速城镇化的背景下，人口流动量大、土地利用变更频繁，传统出行调查方法很难及时反映交通需求的更新。其次，随着城市与交通系统的不断发展演变，交通决策所面临的问题也日益复杂。决策者不仅需要关注交通需求的数量，还需要深入了解不同类型需求的结构；不仅要考虑交通流在网络上的分布，还要研究不同类型参与者对政策的响应；不仅要研究某种交通方式自身流量的变化，还需研究综合交通系统中各种交通方式的相互作用和流量转移。因此，面对这些挑战和不足，我们需要不断探索和创新，提升交通模型分析技术的准确性和时效性，以更好地服务于城市交通规划设计工作，推动城市的可持续发展。

2. 城市交通的战略调控与决策分析

城市交通战略调控，其本质在于通过一系列的政策、服务和设施等手段，对城市的交通系统进行精准而有效的干预。这种干预并非盲目，而是建立在深入了解和把握交通系统演变规律的基础之上。可持续发展理念是我们设定调控目标的根本指引，它要求我们在满足当前交通需求的同时，不损害未来世代的发展权益。在这一过程中，连续观测信息环境发挥着至关重要的作用。它如同城市的交通"眼睛"，时刻监测着交通系统的发展轨迹。一旦发现系统偏离了期望的轨迹，我们便需要迅速而准确地采取相应的调控措施，确保交通系统能够回归正轨。

调控并非简单的压制或刺激，而是要在需求和供给之间找到动态的平衡。需求方面，我们必须认识到，由于资源和环境的限制，城市交通无法无限度地满足所有需求。因此，我们需要对不合理的需求进行节制，同时确保合理需求得到充分的满足。这既是受控需求的概念，也是对传统需求管理理念的深化。在供给方面，我们不能仅仅满足于解决眼前的问题，更要考虑城市交通模式的长远发展。我们需要避免在解决问题的过程中制造出更大的问题，这就要求我们在规划、建设、服务、管理、政策等各个环节都进行深入的思考和精细的操作。

在城市交通战略调控中，决策分析的关键在于消除判断的模糊性，实现决策的精细化和科学化，从而达成广泛的共识。以城市公交系统建设为例，其战略目标的设定不仅关乎城市空间结构的可持续发展，更涉及公共交通服务水平的提升，进而引导城市交通模式向更加可持续的方向演进。为了实现这些目标，我们需要采取一系列手段，包括规划指导、资源配置、运行管理以及政策保障。尽管这些对策在理念上得到了广泛认同，并且积累了大量的实践经验，但在实际操作中，由于涉及多方利益协调和动态变化的需求，决策过程往往面临着诸多挑战。这就要求我们在决策分析时，必须减少判断的模糊性，提高决策的说服力，从而对技术提出更高的要求。然而，面对推进公交优先的决策分析需求，现有的研究成果尚不能完全满足我们的需求。公共交通系统分析的已有研究成果，主要有以下两种类型。

（1）基于 OD 的公交网络客流分析技术虽然能够考虑到网络的随机属性特征和乘客的随机选择行为，但由于其建模基础是抽样调查，因此在实际应用中很容易因为模型标定的微小误差而导致结果的巨大偏差。这使得我们在应用这项技术时需要格外谨慎，并寻求更加精确和可靠的数据支持。

（2）离散交通选择行为模型依托非集聚交通行为理论，已形成一个相对成熟的体系。为弥补多项 Logit 模型的不足，巢式 Logit 模型和排序 Logit 模型等已在交通方式选择中得到应用。此外，结合实际调查与意向调查数据的联合建模研究也取得了显著进展。基于活动的交通行为模型更是引入了个体生活行为，从时间和空间两个维度深入剖析选择机理。然而，这些模型同样面临一些限制。意愿调查通常难以频繁且大规模地进行，同时乘客的偏好和态度差异也导致模型在时空上的可移植性受限。因此，在应用这些模型时，需要充分考虑其适用条件和局限性，结合实际情况进行灵活调整。

3. 交通建设项目可行性研究过程中的信息分析

城市交通发展战略的落地，离不开交通基础设施项目的有力推进。这些项目从计划的审批到规划的许可，再到土地的征迁与资金的筹措，每个环节都至关重要。实施过程中的管理同样不容忽视，而项目建成后的运营管理更是确保项目发挥长期效益的关键。各管理部门在决策过程中扮演着决定性的角色，其决策直接影响项目的推进与成效。

（1）交通项目主体部门

在中国城市行政管理机构的框架下，交通基础设施项目的主体部门因城市而异，市政园林局、市政管理局、建筑工务署及公路局等均是关键角色。此外，一些代建机构，如地铁公司和轨道交通建设公司，也积极参与政府投资项目，成为主体部门之一。这些主体部门在项目实施中，主要代表市政府行使管理权，但决策权并不在它们手中。

对于市政道路等公共设施项目，立项主体的明确性尚显不足。因此，各地政府根据实际情况，指定市规划局负责市政道路立项工作，根据城市建设需求受理新建道路的立项申请。而建筑工务署则作为建设主体，负责项目的具体实施。

这样的设置旨在确保交通基础设施项目的顺利推进，各主体部门各司其职，协同工作。尽管部门间的职能有所划分，但在实际操作中，仍需加强沟通与协作，确保项目从规划到实施再到运营的每一环节都能得到有效管理，为城市的交通发展贡献力量。

（2）交通项目审批体制

在我国，各城市已相继出台《政府投资项目管理（暂行）条例》《政府投资项目管理（暂行）办法》或《政府投资项目管理（暂行）规定》等相关法规，为交通基础设施项目的审批提供了坚实的法律基础。

为确保项目审批的顺利进行，有效协调各部门之间的关系至关重要。为此，我们需要围绕决策核心，通过信息共享来消除关于项目建设必要性、规模、影响及效益等方面的模糊判断，进而形成共识。这一目标的实现，离不开一个高效的管理信息平台。该平台能够将复杂的数据有序组织成信息，进一步从中提取与决策息息相关的内容。通过这样的方式，我们不仅能够提高项目审批的效率和准确性，还能为城市交通基础设施的健康发展提供有力保障。

二、城市交通管理

所谓交通管理，主要指的是通过分析交通需求结构的组成、不同出行者的行为偏好特征，并以此为依据转移和调整交通方式，继而缓解城市交通拥堵。

1.交通系统运行状态诊断

道路交通可以分为断面、路段、区段和路网四个层次，断面、路段是构成区段和路网的基础，也是交通状态分析的基本单元。

（1）断面交通状态识别

断面交通状态识别是根据断面交通流数据确定该断面交通状态所归属的类别（如拥堵、畅通），因此，需要确定类别划分数量及一个具体断面状态的归属判别方法。

（2）根据断面交通状态判别路段交通状态

根据路段上下游检测断面的交通状态判别结果，总体上可将路段交通状态分为四种模式：模式 1（上游畅通—下游畅通）、模式 2（上游拥堵—下游拥堵）、模式 3（上游拥堵—下游畅通）、模式 4（上游畅通—下游拥堵）。城市快速道路上检测断面的间距较大（一般为 400 米以上），两个检测断面之间往往存在上下匝道，由于道路条件变化很大，所以需要划分成多个基本路段。当路段交通状态处于模式 3 和模式 4 且夹有匝道时，精细分析拥堵影响及确定瓶颈位置会遇到的困难。

（3）道路区段拥堵特征表达

在路段交通状态分析的基础上，可以采用时空图来分析由数个路段组成的区段拥堵的变化情况。时空图可以清晰地说明一天之内拥堵的时空分布，但是很难挖掘较长时间（如一个月）的拥堵变化规律。为了更好地描述拥堵状态的演变，可以定义两个概念：第一，拥堵态势，采用某种特征指标描述道路区段的拥堵程度；第二，拥堵模式，拥堵程度指标日变曲线的分类。对于道路区段的拥堵状态可以采用多种指标，如通常所用的密度、速度，或者延误等，采用主因子分析方法可以对多个指标进行适当综合形成拥堵指数。

2. 交通需求管理与信息分析

由于讨论问题范围的差异，国内外相关文献对于交通需求管理定义和概念的表述也不尽相同，但其核心思想是一致的，即交通需求管理是在满足资源和环境容量限制的条件下，使交通需求和交通的供给达到基本平衡，满足城市的可持续发展目的的各种管理手段。通过限制小汽车使用、提高载客率、引导交通流向平峰和非拥堵区域转移、鼓励使用公共交通等一系列措施，达到高峰时交通拥堵缓解的需求管理政策总和。城市交通拥堵成因可以分别从城市空间布局、车辆拥有及使用、交通基础设施供给、道路交通管控、交通政策调控、公共交通服务水平、公众现代交通意识等多方面加以分析。交通需求管理等政策手段，实质上是将有限的交通资源进行调配，均具有正负两面效应，需要研究如何控制其负面效应，扩大其正面效应，并最大限度地争取社会各方面的支持。对道路交通流量的监测将有助于全面把握道路交通态势。

3. 提升公共交通服务水平的决策分析

公交优先发展主要包括两大主题内容：公共交通与土地的协调发展，以及政府通过政策调控保证公交服务在市场机制下有效运营。而这两大主题又与规划制定、建设实施、资金保障、运营保障、行业管理等五个方面有着密切的关联。

公交规划的核心是提供一个适应发展需求的公交服务体系，可以进一步划分为提供新服务的系统建设规划，以及改造既有服务的系统运行调整规划。前者主要针对伴随城市扩展和布局调整的公交基础设施建设，包括轨道交通建设、快速公交系统（Bus Rapid Transit，BRT）建设、常规公交服务延伸等；后者主要针对既有运行计划调整和常规公交线路调整。对于系统建设规划来说，公交系统与土地开发之间密切关联。

利用移动通信数据获取居民活动信息，通过牌照识别数据获取车辆活动信息，通过道路定点检测数据和浮动车数据获取道路交通状态信息，通过公交 GPS 数据获取公交运行状态信息，通过公共交通卡数据获取公交客流及换乘信息，在这些信息的支持下能够分析土地开发与公交系统的关联，以及公交在综合交通中所处的地位和服务水平，从而使相应的规划决策更加科学化和精细化。在协同规划过程中，基于相关数据的可视化表达能够为决策分析提供有效的支持。

三、城市交通服务

1. 个性化交通信息服务

随着交通数据环境的不断完善，大量基于大数据技术的交通信息服务产品应运而生，为城市交通出行和区域交通出行提供了多样化、个性化的交通信息服务。

（1）城市交通

在国内，为了缓解城市交通拥堵，满足居民快捷、便利的出行要求，在政府部门出台各种措施进行调控的同时，产业界也推出了许多新的线上服务产品。在线合乘平台和打车软件是这几年出现的比较典型的应用。

① 在线合乘平台。小客车合乘，即线路相同的人共享一辆车，不仅优化了小客车的资源利用，为城市交通减压，还能为车主和乘客带来双赢。乘客方面，合乘能满足公共交通无法覆盖的个性化出行需求，偶发性用车也变得方便，无须承担养车的负担。对于私家车车主而言，合乘不仅降低了养车成本，还能解决尾

号限行等带来的出行难题。而在线合乘平台则扮演了桥梁的角色，它让车主和乘客能轻松发布供求信息，极大地拓宽了合乘的范围，吸引了更多用户参与，提高了合乘的成功率。

② 打车软件。打车软件以智能手机等智能设备为媒介，革新了出租车召车方式。乘客只需轻触屏幕，即可快速召唤出租车，告别漫长步行和等待的烦恼。同时，出租车司机也能迅速捕捉附近乘客的乘车需求，有效减少空驶情况。打车软件的出现，不仅提升了召车服务的便捷性和效率，也为乘客和司机双方带来了更好的出行体验，是智慧城市交通建设中不可或缺的一环。

（2）区域交通

区域交通中，用户的出行需求日益多样化和个性化，其中旅游和商务出行尤为突出。为满足这些需求，众多旅行服务公司成功地将高科技与传统旅游业结合，通过深入分析用户出行需求、兴趣点及交通信息，为用户提供了一站式服务，包括机票、酒店预订、旅游度假规划、商旅管理、无线应用及旅游资讯等。这些服务不仅简化了用户的出行流程，还提升了出行的便捷性和舒适度。同时，这些公司还通过积累用户行为数据，建立了客户行为数据库，并研发了相应的跟踪系统。借助机器学习技术，他们能够对酒店和用户的行为进行精准分析，有效解决了预订不能按时入住等问题，进一步优化了用户体验。这种科技与旅游的结合，为区域交通出行带来了革命性的变化。

2. 交通诱导信息服务

（1）获取过程

从获取过程看，交通诱导信息服务可分为出行前诱导和出行中诱导。出行前诱导是在用户出行前通过计算机、手机、车载导航终端等设备向用户提供出行所需信息。出行中诱导是在用户出行过程中根据交通系统状况的实时变化，对先前的诱导信息不断进行调整，对用户出行进行动态诱导。

（2）获取途径

传统的诱导信息发布方式包括交警疏导、可变信息交通标志、信息发布、交通广播等。而随着移动通信技术的不断发展，用户也可以通过移动应用获取实时诱导信息。

3. 现代城市物流服务

（1）物流信息平台

2023 年中国快递业完成了 1 320.7 亿件的业务量，同比增长 19.4%，日均处理量突破 3.6 亿件。这一辉煌成就的背后，物流信息平台功不可没。它像一个强大的纽带，紧密地连接着商家、物流服务商和物流基础设施，共同编织起一个高效、便捷的物流网络。这个平台不仅整合了各类物流资源，还规范了行业服务秩序，推动了整个行业水平的提升。

对于商家而言，物流信息平台是他们寻找优质合作伙伴的得力助手。平台提供详尽的物流服务商信息，让商家能够轻松筛选出最适合自己的合作伙伴。同时，商家还可以通过平台实时跟踪订单状态，掌握物流环节的最新动态。此外，平台还提供运营数据分析，帮助商家优化经营计划，提高补货效率。

物流服务商也受益于物流信息平台。他们可以将物流执行信息实时上传至平台，为卖家和消费者提供透明的物流过程信息。同时，平台还能根据商家的订单数据和历史销售情况，为物流服务商提供精准的产品销量预测，帮助他们提前规划物流资源和能力，有效避免"爆仓"等问题的发生。

卖家和消费者同样能够从物流信息平台中受益。卖家可以通过平台了解物流执行情况，选择合适的商家和物流服务；消费者则能实时掌握包裹的动态，享受更加便捷、安心的购物体验。

（2）物流配送路径优化

物流配送在物流链中占据着举足轻重的地位，它关乎货物从上游企业到下游企业或最终消费者的顺畅运输。数据显示，运输费用在物流总成本中占比超过一半，因此，如何优化配送路线以降低运输成本成为业内关注的焦点。配送路线的规划并非易事，它受到诸多因素的影响，包括客户的空间分布、时间需求、货物数量与类型，以及变幻莫测的道路交通条件。特别是在城市中，交通拥堵常常给配送带来不确定性，使得路线优化变得更为复杂。幸运的是，随着城市交通数据环境的日益完善，特别是车载 GPS 设备的普及，我们有了更多的手段来制定合理的配送线路。这些先进技术为我们提供了新的思路，使得配送路线的优化变得更加精确和高效。

4. 公共交通出行信息服务

公共交通出行信息的接收方式可分为定点和移动两种。定点接收主要依赖公交电子站牌，这些站牌为候车乘客提供详尽的公交线路、车辆到站时间等信息，确保乘客能及时了解公交动态。而移动接收则通过安装在智能移动终端如手机上的公交查询应用实现，这些应用可根据乘客的出行目的地和当前位置，为其推荐最佳的公交班次、换乘方案及预计出行时间，让乘客随时随地掌握出行信息，实现便捷出行。

（1）公交电子站牌

公交电子站牌如今在我国的大城市中屡见不鲜，它们依托先进的公交调度系统，利用车载 GPS 数据实时估算公交车辆的到站信息。这些电子站牌不仅为候车乘客提供精确的预报，让乘客知道车辆何时到达，还集成了线路调整通知、实时视频监控等多种功能，为乘客提供全方位的出行服务。

以杭州市为例，自 2004 年起便着手建设智能公交电子站牌系统。该系统巧妙结合移动互联网技术和 GPS 定位技术，实时收集公交车辆的位置和速度信息，并通过移动网络迅速传输至后台服务器。服务器根据实时数据和历史经验，精确计算公交车辆到站的行驶距离和预计时间，再将这些信息实时推送到相应的电子站牌上。这样一来，乘客只需一眼便能掌握公交车的实时运行状态，从而作出更合理的出行决策。

（2）移动公交查询应用

"车来了"是一款查询公交实时位置的手机软件。截至目前，"车来了"软件已经覆盖全国 400 多个城市，为超过 2 亿用户提供便捷的公交出行服务。这款软件是从公交电子站牌中汲取灵感，结合移动设备的便携性和强交互性等特点开发而成。它打破了传统公交出行的局限，让用户无论身处何地，都能随时掌握公交车的实时位置信息。在恶劣天气或长时间等待的情况下，这一功能尤为实用，能够有效减轻用户的候车焦虑。

除了基础的线路、站点和换乘查询功能外，"车来了"还提供了丰富的实时公交信息。用户可以查询到每条线路上所有行驶公交车的实时位置，以及所有经过候车站点的车辆到站信息。这使得用户能够更加精准地安排自己的出行时间，提高出行效率。

在数据处理方面，"车来了"软件以公交调度系统提供的原始GPS数据为基础，结合先进的数据处理算法和模型，有效提高了定位信息的精准度。即便在难以获得 GPS 定位数据的高架路段，系统也能通过算法估计到站时间，确保信息的准确性和实时性。同时，软件还会及时更新车辆行驶轨迹和站点耗时变化等数据，为用户提供最新、最准确的公交信息。

第二节　城市交通领域数据资源

一、城市交通领域

城市交通依据道路性质，可分为地面道路、快速路和高速公路三类。各类道路因承担的交通运量不同，在城市交通体系中扮演着各异的角色。地面道路作为城市交通的基石，承载着日常出行的大部分流量；快速路则是城市交通的提速器，有效缓解交通拥堵，提升出行效率；而高速公路，则成为城郊与城际间交通往来的重要骨干。在信息化发展的浪潮中，这三类道路交通数据的处理也呈现出鲜明的特色。建设、管理、运维和技术等因素，使得数据的类型、采集方式、存储手段、处理策略以及应用方向都各具特点。

1. 城市地面道路

城市地面道路，作为城市交通运输的主动脉，承载着繁忙的交通流量和复杂的交通状况。为了确保道路的顺畅运行，我们采用了多种技术手段进行数据采集和应用。最优自动适应交通控制系统（Sydney Coordinated Adaptive Traffic System，SCATS）等先进的道路交通控制系统，在道路交叉口附近布置了电感线圈等检测器，它们就像道路上的"眼睛"，时刻捕捉着车流量、占有率、拥堵程度等关键信息。这些数据通过中央控制、区域控制、路口控制等多个层面的模型计算，精确制定出配时方案，优化配时参数，使交通流得到最佳配置和控制。这样，车辆行驶速度得以提升，交通停顿减少了，旅行时间缩短了，汽油消耗也降低了，真正实现了交通的高效和节能。

然而，随着信息化需求的提升，传统的交通数据已无法满足现代交通管理与服务的需要。于是，我们借助电感线圈检测器、微波检测器、视频检测器、全球定位系统等多样化的数据采集设备，采集到了更为丰富和全面的交通数据。车辆速度、类型、牌照、位置等信息一应俱全，为交通信息化管理与服务的延伸和拓展提供了强大的数据支撑。这些数据的应用，无疑为交通管理带来了革命性的变化。道路的运行状态可以通过红、黄、绿等颜色信息实时或准实时地显示出来，让人们一目了然地了解道路的拥堵或畅通情况。城市地理信息系统则为我们提供了更加宏观和直观的视角，让我们能够全面掌握城市地面道路路网的交通运行状态和路况实时变化。而基于车速、流量等数据分析的交通指数，更是成为我们判断道路交通状态的重要指标。它量化了道路状态，让我们能够从宏观到微观全面了解道路的通行情况。这为道路服务水平的评判、公众出行个性化服务的提供奠定了坚实的基础。此外，我们还结合车流量等各类数据，对经常出现拥堵的区域、路段或道路交叉口进行深入分析，找出可能存在的问题和优化的空间。同时，通过与城市地理信息系统（Geographic Information System，GIS）的结合，我们还能够挖掘出事故频发的"黑点"地段，为改善道路通行安全、出行安全提醒等提供支持。最终，这些交通路况、交通指数、事故等信息通过多种渠道发布给公众，为他们选择交通出行方式和路径提供了重要的参考依据。无论是互联网、电视台、电台，还是车载设备、手机等移动终端应用软件，都成为我们传递交通信息的重要平台。

2. 城市快速路

作为城市交通体系的重要组成部分，城市快速路建设和信息化方案往往同步进行，以确保道路基础建设与信息化建设的协调发展。在数据采集方面，城市快速路充分利用了感应线圈、车辆全球定位系统、牌照识别系统以及视频采集系统等多种手段，每种手段都有其独特的数据采集优势和应用特点。感应线圈通常被埋设在快速路的关键路段或出入口，能够精确地采集车流量、车型、速度以及占有率等关键信息。这些信息对于交通流量分析和道路状况评估至关重要。然而，感应线圈的布设成本较高，而且只能采集特定路段的点数据，无法全面反映整条路段的车辆空间分布和密度。车辆全球定位系统则能够实时采集车辆的瞬时速度和位置信息，采集周期灵活可调。但受限于定位精度，有时会出现车辆位置混淆的情况，尤其是在相邻地面道路、快速路主线、匝道或出入口等复杂交通环境中。牌照识别系统则能够有效地捕捉流经识别车道和断面的车辆信息，通过积累的数据，可以分析车辆的起讫点，为交通流量分析和车辆出行特征研究提供有力支持。但牌照识别的准确率和稳定性受到多种因素的影响，需要不断优化和提升。视频采集系统则能够直观地记录特定路段或路口的车辆流动和密度情况。然而，视频数据的分析难度较大，且易受到镜头灰尘遮挡、移动、天气等多种因素的影响，导致数据利用率不高。如何发挥采集设备的优势，取长补短，成为有效利用交通数据的重点。

在数据应用方面，基于城市快速路系统采集的各项数据，可以支撑不同部门的运行管理和面向公众的信息服务需求。通过数据分析，可以实时了解快速路的交通状况，以红、黄、绿等颜色信息或交通指数等方式直观展示道路拥堵或畅通状态。管理人员可以在指挥中心或监控平台上实时监控快速路的交通状态，实现跨部门的联动管理；出行者则可以通过道路上的可变信息情报板获取实时路况信息，合理规划出行时间和路线。此外，快速路数据还可以应用于出入口控制系统、车辆平均出行距离分析、出行时间分析、OD 分析、出行高峰限牌管理、公安侦查破案等多个方面。通过对这些数据的深入挖掘和分析，可以进一步提升城市快速路的运行效率和管理水平，为公众提供更加便捷、安全的出行服务。

3. 城市高速公路

作为连接城市与周边地区的重要通道，城市高速公路基础数据的采集与应用显得尤为关键。然而，由于高速公路的广泛覆盖和区域跨度大，信息采集的难度也相对较高。传统的交通数据采集方法，如密集布设的感应线圈和视频监控系统，在高速公路上并不完全适用。这是因为高速公路的特殊性决定了其数据采集必须考虑到成本、技术实现以及地域限制等多方面因素。因此，我们主要从三个方面展开高速公路的数据采集工作：一是适量布设感应线圈和视频监控系统，满足日常管理需求；二是重点收集收费站数据，如车牌识别、电子不停车收费（Electronic Toll Collection，ETC）系统信息以及车辆行驶 OD 等；三是利用手机信令、手机上网数据等覆盖范围大、数据密集度低的方式。

在数据应用方面，高速公路与城市道路的连接段，特别是入城段和出城段，是数据应用最为集中的地方。这些区域不仅与城市交通密切相关，也是多种道路路网的重要交汇点。因此，加强这些区域与城市地面道路、快速路交通数据的关联应用，是提高管理与服务水平的关键。例如，通过车辆牌照识别系统、感应线圈、车辆 GPS 和射频识别技术等传统手段，我们可以获取大量的交通数据，进而分析交通流量、速度、密度等关键指标。这些数据不仅可以用于日常管理和监控，还可以为公众出行提供信息服务。值得一提的是，虚拟情报板业务的兴起为公众出行信息服务提供了新的方式。借助手机 App 或其他移动上网终端，出行者可以实时获取前方的交通状态信息，从而作出更加智能和灵活的路径选择。这种方式不仅降低了情报板的布设成本，还提高了其使用效率。

二、对外交通领域

通常来讲，一座城市的对外交通体系包含铁路、公路、航空、航运等几大组成部分，而其又与城市道路交通、公共交通这两大体系紧密相连。由于它们分属于不同的管理和运营主体，其信息化推进与发展的程度各不相同，数据与信息的共享与汇聚也存在一定难度。由于城市对外交通对整个城市交通体系具有巨大的影响力，甚至可以改变城市原有的交通特征，对其进行数据资源的联合挖掘与应用开发成为决策管理、出行服务共同的关注点。

1. 铁路

铁路作为城市对外交通重要组成部分的铁路运输体系，担负着客流和货流进出市域运输的重任。随着时代进步，铁路信息化建设也在不断深入，为管理和服务提供了更为实时、精细的数据支持。在基础数据采集方面，铁路系统早已建立了一套完善的体系。货运信息化系统覆盖了铁路总公司、各路局及货运车站，实现了运输计划的自动下达和货车的自动跟踪。而客票系统则从车站窗口联网售票起步，逐步升级到12306互联网售票系统，实现了客票数据的全路互通共享。这些数据涉及管理、运营、生产、安全等多个方面，其中与城市交通尤为紧密的有列车调度、时刻表、实际发车到站时间、客流量和货运量等。这些数据不仅反映了铁路自身的运营状况，也为我们理解城市交通提供了重要视角。

有了这些数据，如何进一步挖掘其潜在价值，提高管理和服务水平，成为铁路信息化建设的核心任务。数据的应用主要有两大方向：一是为管理决策提供参考，二是为公众提供信息服务。在管理决策方面，高度集中和实时性的铁路数据为铁路系统内部和城市交通管理部门提供了有力支撑。行车调度数据可以帮助评估调度效率，为优化调度策略提供依据；实际发车和到站时间等数据则能反映列车的准点率，为改进服务质量提供参考；而客流量和货运量的变化，则能揭示运输需求的变化趋势，为制定运输计划提供指导。对于公众信息服务，铁路系统同样不遗余力。无论是售票窗口、互联网售票系统还是手机 App，都为公众提供了便捷、多样的购票渠道。同时，通过与火车站信息化建设的结合，票务信息可以实时显示在售票大厅显示屏等终端上，为公众提供及时、准确的信息服务。这种信息服务的互联互通，不仅提升了公众的出行体验，也为铁路系统自身的管理和运营提供了有力支持。

2. 公路

公路作为连接城市与乡村、城市与城市之间的主要陆路交通方式，其重要性不言而喻。随着信息技术的飞速发展，公路网信息化建设日益加强，使得基础数据的采集和应用更加高效和精准。在基础数据采集方面，公路网系统采用了多种方式。高速公路收费站作为数据的重要来源，能够全面采集过往车辆的行驶信息、行程数据等。对于具备条件的高等级公路，线圈雷达、红外线车辆检测器等设备的布设，可以全天候、全方位地捕捉车辆的行驶速度、类型、长度、方向以及车流量等关键信息。此外，视频图像设备的运用，更是能够直观地记录车辆及路况的真实情况，为后续的数据分析和处理提供了丰富的素材。这些基础数据通过光缆和电缆的传输，汇聚在各信息分中心，经过实时处理，转化为管理和服务所需的信息。而公路网信息中心，作为整个信息化架构的核心，不仅连接各信息分中心，还承担着数据汇总、分析和挖掘的重任。通过构建路网交通信息平台，从宏观和中观层面，对公路网的运行状况、维护成本、服务质量等进行全面评估，为管理措施的制定提供科学依据。

　　数据的应用则是公路网信息化建设的最终目的。通过对高速公路收费站收费流水数据的深度分析，我们可以发现收费时间、进站车速、收费车辆数等因素之间的内在联系，从而优化收费流程，提高收费站的运行效率和服务水平。同时，对车辆标识、进出站位置和时间等数据的挖掘，还可以帮助我们评估公路路网的运行效率，定位交通压力的关键节点，为交通拥堵的治理提供有力支持。此外，公路网采集的视频信息在实时监控、事故应急等方面也发挥着重要作用。通过视频信息，我们可以及时发现并处理交通事故、道路拥堵等突发问题，提高应急反应速度和处置水平。同时，这些视频信息还可以为公安部门提供破案线索和证据，直接服务于国家安全和公共安全。多源数据的关联挖掘更是为公路网运行与服务的提升提供了强大动力。结合天气、事故等数据，我们可以找出事故多发地段和成因，制定针对性的预防措施；结合长途客运站数据与进出市域公路系统车辆数据，我们可以分析公路网在城际交通中的作用；结合收费站流水和公安道口数据，我们可以制定节假日、工作日车流高峰期的分流政策。

　　3. 航空

　　航空以其高效、快捷的特性，在国际与国内交通运输中扮演着举足轻重的角色。而航空业的蓬勃发展，离不开基础数据的采集与深入应用。我国已建立起完善的甚高频地空数据通信网络，为飞机与地面的实时信息交流铺设了坚实的道路。这一网络不仅支撑了航空数据的实时采集，还为信息的快速传输与交换提供了有力保障。从民航管理局到各机场、航空公司，各方对数据的需求不尽相同，但都体现了对信息化发展和数据采集的高度重视。航空数据的种类繁多，包括航班信息、乘客数据、运营数据等，这些数据的汇聚为大数据挖掘提供了丰富的素材。

在决策管理方面，数据交换传输网络为制定宏观发展规划提供了数据支撑；在运营层面，各类管理系统的应用，如机务维修、运行控制等，大大提高了运营效率；而在信息服务方面，自助服务、手机平台等应用，为乘客提供了更加便捷、实时的信息服务。

目前，基于信息化系统的民航决策管理和服务体系已日趋完善。数据仓库的建设、数据分析和挖掘系统的应用，都为"中国数字民航"的建设奠定了坚实基础。从空管系统调度到订座、安检、行李处理，从航班信息查询到个性化服务，数据的深度应用已渗透到航空业的各个环节，提升了整体服务管理水平。可以说，航空数据的采集与应用，不仅推动了航空业的快速发展，也为乘客提供了更加优质、高效的航空出行体验。

4.航运

航运作为连接海洋与陆地的重要纽带，在全球化贸易中扮演着举足轻重的角色。近年来，随着信息技术的飞速发展，航运业也在不断探索信息化建设的道路。新兴的信息技术，如条形码技术和射频识别技术，已经在航运物流信息化进程中取得了显著成果。这些技术不仅提高了航运物流企业信息采集的效率和准确性，还为航运物流的订单处理、跟踪、结算等业务提供了强大的支持。航运电子数据交换技术的广泛应用，更是实现了航运物流信息的实时传输和共享，推动了航运物流办公的无纸化进程。

在数据应用方面，"智慧航运"的概念逐渐深入人心。通过数据分析和挖掘技术，航运企业能够更精准地把握市场动态，优化航线规划，提高运营效率。同时，航运信息管理平台、信息服务平台和营运系统的建设，也为政府管理和企业营运提供了有力的支撑。然而，航运信息化建设也面临着一些挑战。例如，航运业务的信息化管理与服务需求在不断变化，但信息化软件系统的开发往往具有一定的刚性，难以适应这种变化。此外，航运信息化建设的地域性和行业性较强，跨地域、跨行业的系统兼容问题也亟待解决。因此，加强管理与服务多方之间的信息资源整合与应用系统集成，成为推动航运信息化建设的关键。只有通过协同合作，打破信息壁垒，才能实现航运业的智能化、高效化发展。

第三节　城市交通大数据的应用开发与服务

一、城市交通大数据的应用开发

在智能交通领域，数据从外场设备采集，经过通信网络进入数据库系统，然后再经过模型、算法和统计获得应用，是一个完整的"数据产业链"。该产业链上的各个环节，都能够开发出相关的应用和服务。

1. 城市交通大数据应用框架

当城市交通大数据获得充分的数据积累后，数据有机整合呈现出的增益效应将会受到全社会瞩目，数据关联带来的融合价值会促使社会各界、各行各业的数据人才和数据工作者融入数据分析之中，开发出丰富的数据产品和商业服务。对最终使用者而言，最关心的还是如何通过城市交通大数据的数据产品和软件产品获得增值和开发。但从城市交通大数据系统或平台的角度来看，其能够提供的应用是多层次的。这就类似于云计算的 IaaS、PaaS 和 SaaS 三层服务架构，底层硬件、中间平台和软件系统都能够为用户提供独立的服务。城市交通大数据平台包含数据源层、基础服务层、分布式统计查询接口层、应用层等主要应用层次，按照"数据产业链"模式，数据从底层逐层向上传输和转变，变成各种应用产品，主要包括以下两种：第一种，应用层含各种数据产品、服务和软件，数据使用者将直接面对本层获取所有资源；第二种，数据源层通过 Oracle、MySQL、文档服务器、文件系统等获取原始数据，加载到大数据平台，面向数据管理员开放，对外部使用者隐藏。

2. 城市交通大数据典型应用

城市交通大数据应用的核心是通过对多源数据的挖掘、分析和关联，从多源、海量的历史数据中发现交通拥堵机理，并挖掘交通事件的潜在规律，为交通决策者、管理者和出行者提供数据分析依据和专业技术结论。交通数据挖掘与分析是一个随着时代发展、数据积累而不断改变、持续发展的内容，随着大数据的到来，很多传统的数据分析和挖掘都会再次焕发新的生机。

（1）快速路网交通拥堵态势分布规律挖掘

对快速路网交通拥堵现象及其产生条件进行概念描述，可以将其划分为两大类：常发性拥堵和偶发性拥堵。常发性拥堵主要受道路条件影响，一般是由通行能力较低的固定瓶颈引起，固定瓶颈主要包括上匝道合流区下游，下匝道分流区上游，路段呈 S 形（包括坡度、转弯和立交匝道等）。固定瓶颈区域具有以下数据特征：瓶颈上游处于流量低、速度低、占有率高的排队拥堵状态；瓶颈点处于流量高、速度中等、占有率中等的饱和状态；而瓶颈下游处于流量高、速度高、占有率低的消散状态。偶发性拥堵是指交通事件导致的道路通行能力的临时性降低而引发的拥堵。根据拥堵成因，快速路常见的交通事件包括交通事故和恶劣天气两种。交通事故造成路段局部车道阻断而出现通行能力临时下降，引发拥堵；恶劣天气情况下，道路的行驶条件和驾驶员的跟车行为发生变化，导致车速降低、车头间距增加、路网通行能力下降而引发拥堵。由于早晚高峰拥堵分析最重要，所以分析的时间范围为早晚高峰时段。为方便理解，首先对需要使用的若干个概念进行定义。

排序规则：按照累计拥堵时间（以分钟计），从多到少排序。

长时间拥堵：是指从拥挤（黄）或阻塞（红）状态产生时刻开始，到恢复畅通状态时刻为止，其间拥挤（系数 0.5）与阻塞（系数 1）折算成等效累计时间，若等效累计时间超过 20 分钟，则视为长时间拥堵。

常发性拥堵路段：在高峰时段内，排序后发生长时间拥堵时间累计占总拥堵时间前 50% 的快速路路段。

临界性拥堵路段：在高峰时段内，排序后发生长时间拥堵时间累计占总拥堵时间 50% ～ 80% 的快速路路段。

基于城市交通信息平台汇聚的多源历史数据，人们会针对某段时间范围内工作日快速路的交通流量、行程车速、交通状态等数据进行关联处理，其中涉及感应线圈检测器、GPS 浮动车、车牌识别、视频监控等多源检测器，覆盖数据种类超过 5 种，检测器 4 种，单次处理数据量超过 30 GB。总体上，早高峰的常发性交通拥堵分布体现市民出行向中心城区汇聚的特性。

（2）常发性交通拥堵成因及分类

第一，上下匝道车流量大引起主线车流拥堵。下匝道车流量大时会因为地面道路无法及时疏散车流而排队，进而对主线交通流的运行产生干扰，引起主线拥堵，而从地面道路通过上匝道，到达高架的车流量太大时也同样会因为与主线车流量交织而导致合流区车辆行驶困难，从而形成上、下匝道处的瓶颈。这种类型的瓶颈触发一般出现在工作日早晚高峰时期。

第二，道路交织过短导致上下匝道车辆干扰严重引起的拥堵。交织区太短，给上下匝道车辆汇入和驶离的缓冲区域的长度不够，导致出入高架的车辆相互干扰的情况，表现为主线进入下匝道车辆与上匝道汇入主线车辆相互干扰，使主线和匝道车辆产生拥堵排队。

第三，路段 S 形排队引起主线车流的拥堵。路段 S 形包括立交、坡度和弯道等。弯道处车辆一般会主动降低车速，形成路段上车辆行驶的瓶颈。与直线路段相比，弯道路段属于道路上低速区，车辆行驶到该处时会自然以较低速度行驶，因此会造成车流的运行缓慢。在流量大时，瓶颈效应会导致整个路段上游车流的拥堵排队。

（3）偶发性交通拥堵成因及分类

偶发性交通拥堵主要由交通事故、恶劣天气等因素导致。

① 交通事故。车辆碰撞、抛锚等交通事故引起的车道堵塞现象会导致道路部分通行能力的临时性损失。当上游流量需求超过事故发生后的地点通行能力时，就会导致拥堵的传递和蔓延。与常发性拥堵不同，事故引起的交通拥堵的恢复需要人工清除事故发生位置的拥堵源头。虽然交通事件本身具有随机性，但从相关统计结果看，拥堵频率与事件发生频率变化趋势相同。拥堵频度与交通事件发生的频率成正比关系。换言之，常发性拥堵路段也是交通事件的高发路段。

② 恶劣天气。下雨、下雪等天气引起道路积水、结冰导致车辆行驶特征变化和能见度下降。在恶劣天气条件下，驾驶员的驾驶行为发生变化，与前车保持更大间距，从而导致道路通行能力的降低。在恶劣天气情况下，瓶颈的触发会提前，而已经触发的瓶颈由于通行能力降低，拥堵程度与传播范围更大。恶劣天气引发交通拥堵的数据特点主要表现为：路网交通流出现整体偏移，与正常天气相比，在同样的速度下，恶劣天气对应的车流密度偏低。

二、城市交通流关联分析

城市交通流分析，作为研究城市交通状况的重要手段，旨在通过建模来深入探索交通出行者的决策过程、车辆行驶轨迹以及交通流在网络中的分布。这一过程对揭示和预测城市交通流的自组织规律及拥堵演变至关重要，它依赖于海量的历史与实时交通数据。不仅如此，社会经济、气象及移动信息等相关数据也对城市交通状况产生着深远影响。这些看似与交通不直接相关的数据，经过深入分析，往往能为我们提供宝贵的交通流信息。城市交通大数据技术为这一领域注入了新的活力。它所采集的数据资源不仅覆盖传统的交通领域，更延伸至城市规划、土地利用、移动通信及社交网络等多个非交通领域。借助大数据技术的强大处理能力，我们能够高效地分析这些多样化、大规模的数据，从而更准确地评估城市交通状况，为交通流分析提供有力支撑。

大数据技术，以其强大的数据处理能力，为交通流分析提供了从微观到宏观的全方位数据支持。这些技术不仅能够迅速处理和分析海量的交通数据，还为交通流分析提供了坚实的评估依据。在城市交通大数据的采集过程中，我们获得了丰富的常规交通领域数据，如车辆轨迹、线圈流量等。这些数据不仅有助于我们进行微观层面的车辆轨迹分析，如利用 NGSIM 数据深入研究交通流的微观特性，还能够用于宏观路网的交通状态分析，通过线圈和车载 GPS 数据揭示道路整体的交通运行规律。除此之外，大数据还涵盖了城市气象、环境、人口、社会经济、城市规划、土地利用以及移动通信和社交网络等多方面的关联数据。通过深入分析这些数据，我们能够更全面地评估它们对城市交通流的影响。这些分析结果不仅有助于我们更准确地估计城市交通量，还能为交通诱导控制等应用提供有力支持。

1. 基于气象环境数据的关联分析应用

（1）基于气象环境数据的交通指数预测

恶劣的天气条件会显著影响道路交通的运行状况，根据统计资料，下雨天是导致严重拥堵的重要原因之一。在雨天，晚高峰时段的高架道路车速会下降20%，而主要商圈周边的地面干道车速更是下降 10%~30%。由此可见，不利的气象条件确实对道路交通状态产生了明显的不利影响。

不同的天气状况会导致人们出行方式的改变，进而引发交通状态的差异。为了准确预测不同天气下的交通状态指数，我们首先将天气划分为正常天气和异常天气两大类。正常天气主要指的是晴天，而异常天气则包括雾、小雨、中大雨、小雪、中大雪、冰雹等六种类型。为了研究这些天气对交通状态的影响，我们以正常天气的交通指数为基准，对六类异常天气进行了日期 7×6 组模式的研究。通过运用定量的方法描述趋势相似度，我们发现异常天气下的交通指数趋势与正常天气下的趋势特征具有一定的相似性，但同时也存在着交通指数的绝对差值。

在设计天气–交通指数预测模型时，这种差异为我们提供了重要的参考依据。我们可以根据异常天气交通指数与常态交通指数的相对差值，提取出天气影响因

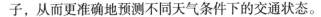

子，从而更准确地预测不同天气条件下的交通状态。

（2）基于气象与环境数据的交通出行诱导

气象和环境因素对城市道路交通具有显著影响。恶劣天气，如雨雪、大雾等，不仅减慢车辆行驶速度，增加出行时间，更会降低道路通行能力，甚至可能诱发交通事故。交通大数据技术则能够综合分析气象环境信息与历史交通流数据，有效预测道路交通流状况，并识别事故易发地点。这一技术的运用，为城市道路交通的安全与顺畅提供了有力保障。

美国交通部高速公路 511 信息平台系统（以下简称"511 平台"），是交通大数据在气象信息利用方面的典范。该平台基于"511"交通信息网站和"511"电话信息服务的实时交通信息发布系统，旨在为公众提供全面、实时的道路和气象信息，优化出行体验。鉴于高速公路交通易受多变气象条件影响，如风雨、浓雾、冰雪等，"511 平台"特别注重历史数据与实时数据的结合。平台不仅收集了丰富的高速公路流量和天气历史数据，还建立了道路流量与天气的关联信息数据库。这一数据库深入挖掘了交通流量与天气状况的内在联系，从而能够识别出适宜出行的气象条件。同时，"511 平台"还实时收集气象信息，并与历史气候和交通信息数据库进行比对分析，预测特定路段的当前气候状况是否适宜出行。这些分析结果通过网络和短信服务平台迅速传达给出行者，为他们提供科学、合理的出行建议。

2. 基于人口与社会经济数据的城市交通流关联分析

城市交通与城市人口、社会经济之间有着千丝万缕的联系。城市发展离不开交通的支撑，而交通的繁荣又受到城市人口增长和经济发展的深刻影响。借助城市交通大数据技术，我们能够深入挖掘人口、经济数据与交通数据之间的内在联系。通过这些数据的分析，我们可以预见未来城市交通的发展趋势。城市人口的增加和经济的繁荣，无疑为城市交通带来了更多的需求与机遇，最直接的表现就是交通量的显著提升。

随着社会的不断发展和人口的增长，经济持续繁荣，城市交通量也呈现出显著的增长趋势。为了更准确地把握这种增长规律，城市交通大数据技术应运而生。通过深入分析历史人口、社会经济与城市交通数据之间的关联，我们能够建立精确的回归增长模型，揭示人口增长和社会经济因素对城市交通数据变化的深刻影响。这种模型不仅能够解释过去的交通变化，更能以未来的人口和经济发展数据为参数，预测未来的城市交通流变化。

值得注意的是，人口具有流动性，传统的交通调查方式往往因为周期长、时效性差，难以准确反映人口分布的变化，导致规划决策与实际情况脱节。特别是在经济高速发展的今天，这种脱节现象尤为突出。幸运的是，基于移动通信网络的数据为我们提供了一种新的解决方案。通过分析移动通信数据，我们能够实时、准确地获取白天和夜间的人口分布情况，为城市交通规划和管理提供有力的数据支持。

3. 基于移动通信和互联网数据的城市交通流关联分析

21世纪，信息化浪潮席卷全球，城市交通量分析也迎来了新的变革。移动通信及互联网技术的迅猛发展，为这一领域注入了强大动力。如今，移动通信已成为人们生活中不可或缺的通信方式，几乎每位交通出行者都手持移动设备。这些设备不仅方便了我们的日常沟通，更为城市交通流分析提供了宝贵的数据资源。大数据技术如火如荼，它采集并整合了海量的移动通信数据，为城市交通流分析提供了有力支撑。移动设备在通信过程中，会不断进行更新地点、切换基站，进行通话、发送短信等活动，这些都留下了宝贵的时间和位置信息。通过对这些数据的收集和分析，我们能够准确获取交通出行信息，为城市交通管理提供科学依据。值得一提的是，移动通信设备在信息传播过程中采用了先进的加密技术，确保了出行者的个人信息安全，有效保护了他们的隐私。这一技术的运用，让我们在享受信息化便利的同时，也能安心出行。

当前，众多研究团队和机构正积极投身于基于移动通信的出行信息获取方法的研究，并已取得显著成果。这些研究不仅为城市道路交通流量分析提供了有力支持，更得益于城市交通大数据技术的数据融合解决方案。该方案能够实现对手机网络、GPS浮动车、感应线圈、地面SCATS系统以及高速公路收费站信息等多种数据源的有效融合。此外，基于位置的社交网络数据也为城市交通流关联分析提供了丰富的数据资源。互联网上的社交网络凭借其地址签到功能，能够轻松捕获社交网络用户签到的时间和位置信息。同时，手机网络用户也通过交通路况信息软件上传自己的出行数据。这些社交网络数据经过深入分析，能够提取出与城市交通流密切相关的有价值信息。通过采集和整合这些移动通信和网络交通出行数据，城市交通大数据技术得以更精准、更全面地描绘出城市交通的真实面貌。这不仅有助于提升城市交通管理的科学性和有效性，更为构建智慧城市、推动交通领域的可持续发展提供了有力支撑。

三、城市交通大数据服务

1. 城市交通规划与建设

（1）城市交通规划和建设内容

在城市交通规划和建设方面，城市交通大数据提供的服务主要包括以下三个方面。

第一，在资料收集阶段，融合多种数据资源的大数据获取和分析技术将逐步取代传统的交通调查方式，为交通规划和建设提供更为实时可靠的资料。特别是移动通信技术的发展、智能手机的普及以及相关手机应用软件的使用，使获取连续出行的"电子脚印"成为可能。在此基础上，可以得到覆盖全市范围的交通状况信息和交通需求信息，为交通规划和建设方案的形成提供了良好的基础。

第二，在规划建设过程中，将大数据分析技术与城市交通模型相结合，关注的重点不再局限于单一交通方式，而是将多种交通方式综合考虑，构建衔接紧密的城市综合交通服务系统。

第三，在综合评价方面，依托大数据分布式计算和交通流、信息流的支撑将使规划建设方案的评价更加方便。从综合交通系统出发，更加关注交通方式的相互竞争和合作，交通资源和服务的整合。结合人口、社会、气象、环境等相关领域的数据，还可以对规划建设方案的社会经济、能源环境等外部影响进行估计，促进可持续发展交通系统的建立。

（2）城市交通管理

在交通管理方面，城市交通大数据服务主要体现在交通出行需求管理和交通系统运行管理上。交通出行需求管理方面，大数据服务体现在交通需求的群体细分，以及出行者的交通行为分析，通过错峰、限行、收费、补贴等有针对性的政策和措施，引导和调控交通需求，保障交通系统的通畅，促进交通系统的可持续发展。

① 旅游交通追踪分析。旅游交通以外地游客为主，具有季节性、随机性特点，传统需求调查通常采用问卷调查方式进行，但很难获得准确的交通需求时空分布和实时变化情况，给相应的交通规划和交通服务设置带来困难，以移动通信技术为代表的新一代交通采集和分析技术为旅游交通和流动人口的交通需求分析提供了新的技术手段。

② 城市快速道路上交通构成和车辆使用特征分析。第一，车辆使用程度聚类。车辆使用频率：一天中，车辆被车牌识别系统检测到（无论多少次）则表明车辆

当天处于使用状态，使用频度为1；如果人们分析了30天的车牌识别数据，那么车辆使用频度应为1~30。选取车辆的工作日使用频度、非工作日使用频度以及车辆处于使用状态的平均每天检测次数作为聚类指标，采用K-means方法对车辆进行聚类分析，得到最优簇数（类别数）。如果车辆使用的频率占比高，则说明该类车辆在路网的总体活跃程度高，反之则较低。第二，车辆属性间关联分析。车辆属性间关联分析主要对车辆使用程度与车辆属地的关联对各类别的车辆属地构成进行分析；对车辆使用程度与时间的关联进行分析；对观测期间30天每天不同类别的车辆构成进行分析，并从中考察每天不同类别车辆所产生的数据记录量。

2. 从IC卡数据中提取公交乘客行为信息

（1）基于个体行为特征的用户分类

① 基于个体属性特征的乘客宏观组成结构分析。公交乘客宏观组成结构分析的目的在于，判别经常使用公交的用户比例，评价乘客对公交依赖的程度，确定提升公交分担比时所需要争取的对象人群，以及该类人群乘坐公交的行为特征。将公交使用程度定义为使用强度和使用连续性的函数，根据公交使用程度对IC卡用户进行分类，可以通过不同年份各类用户的数量变化对比，测试公交是否具有持续竞争力，也为研究公交使用程度与常规公交—轨道交通换乘关系、公交服务区位等的关联提供基础。

② 乘客结构的宏观稳定性和微观波动性。为了判别乘客组群划分是否具有稳定性，需要研究其宏观和微观的波动特征。所谓宏观是指组群的集计结果，微观则是指个体组群属性。上述聚类分析所依托的K-means聚类法主要考虑的是围绕不同的均值中心来计算绝对值距离最小化以进行分类，尽管可以判断出数据的特征，但是为了更加细致地解读数据，有必要结合具体背景加以矫正。利用公交通勤需要进行换乘和不需要换乘分别定义两种通勤类别（周乘坐次数均值分别为10次和20次），以及偶尔使用公交类别和经常使用公交类别，并定义适当的过渡类别，将这种定性判断和K-means聚类结合。但是总体数量结构稳定并不意味着每组具体成员保持稳定。为了便于讨论问题，首先利用一周乘坐公交次数将用户划分为几个组别，然后看每个组别用户每周的乘坐次数是否都会在更长的时间落在同样的周平均乘坐次数范围内。这种情况说明，尽管各个组群宏观数量结构具有稳定性，但是组群成员构成却易发生相当程度的波动。换句话说，如果试图在时空细分基础上具体分析乘客构成，单纯依靠周乘坐次数进行用户分类

有可能出现问题。

（2）公交换乘行为分析

① 换乘研究。由于常规公交与轨道交通的 IC 卡系统数据记录的内容有所差别，所以对不同换乘类型采用判断思路有所不同。第一，轨道与轨道出站换乘。轨道交通的 IC 卡收费系统精确记录了乘客进出轨道站点的时间和站点位置，可以应用前一次出站时间与后一次进站时间间隔来判断换乘关系。换乘阈值定义为前一次出站到后一次进站之间正常换乘所需的时间。第二，轨道与轨道站内换乘。在轨道交通车站内部进行换乘，IC 卡系统没有记录第二次上车的时间，无法确定两次乘车的时间间隔，不能应用换乘阈值来判断。这种类型，可以根据乘客进、出站点之间是否有直达轨道线路，加上适当路径选择假设来确定，也可以通过移动通信数据对多数乘客换乘站点进行识别，从而判断选择换乘地点的概率。

② 换乘总量估算模型。在上述统计特征分析的基础上，建立一种基于乘车时间间隔的换乘总量计算模型（简称换乘总量模型），该模型可以用于计算公交系统的换乘总量、公交出行总量、换乘系数、换乘比例四个宏观指标。设同一乘客连续两次乘坐公交，后一次乘车与前一次乘车线路相同的人数为 p_{si}（浅色虚线）；设 p_{di}（浅色实线）为同一乘客连续两次乘坐公交，后一次乘车与前一次乘车线路不相同的人数；设不同时间间隔 T_i 的乘车总人次 $p_i = p_{si} + p_{di}$。由于同线路连续乘车不构成换乘关系，因此 p_{si} 均为非换乘客流。设最大可能换乘阈值为 T_{max}，当时间间隔（T_i）大于最大换乘阈值 T_{max} 时，所有乘车均为非换乘，这时 p_{ai} 为非换乘人次。当 $T_i \leqslant T_{max}$ 时，$p_{di} = p_{di} + p_{ai}$，即 p_{di} 包含了换乘人次 p_{ti}（深色虚线）和一部分非换乘人次 p_{ai}（深色实线）。因此，只要能求出 p_{di} 值，就可以得到换乘人次 p_{ai}。当 $T_i > T_{max}$ 时，有 $p_{ai} = p_{di}$，利用前面发现的统计关系（不同的乘车时间间隔下，乘客连续独立的两次公交出行，后一次出行选择乘坐与前一次出行不同线路的人次 p_{ai} 和选择乘坐与前一次出行相同线路的人次 p_{si} 之间存在强相关关系），对 p_{di} 与 p_{si} 进行回归分析，建立关系模型 $p_{ai} = f(p_{si})$。并将这种关系推论到 $T_i < T_{max}$ 区间，求出该区间的换乘人次 p_{ti}。对 $T_{min} \leqslant T_i \leqslant T_{max}$ 时的换乘人次 p_{ti} 求和，最后得到换乘总量 P_i。

第八章 ↘ 大数据时代的商业变革

近年来，随着信息系统技术的快速发展和广泛应用，各行各业积累了大量与企业运营密切相关的业务数据。这些数据对于推动企业提升管理决策水平具有重要价值。与此同时，互联网的普及也为企业经营模式创新提供了新的渠道。对企业来说，如何有效利用大数据创新技术是其顺应经济发展趋势、实现数字化转型必须考虑的重要问题。本章从用户画像、广告推荐和互联网金融三个维度阐述商业大数据及其应用。

第一节　用户画像

一、用户画像概述

用户画像，作为现代数据驱动营销的核心概念，正日益受到企业的广泛关注。简单来说，用户画像就是用户信息的标签化，它是企业通过深入分析和处理用户数据，精心塑造出的一个虚拟用户形象，这个形象能够代表真实用户的各种特征和行为模式，为企业的精准营销提供有力支持。

在网络世界中，用户的行为如同他们的"数字指纹"，揭示了他们的兴趣、需求以及潜在购买意愿。每一次点击、浏览、搜索或购买，都是用户在网络世界中的"足迹"，这些足迹被企业收集并转化为宝贵的数据资源。特别是在当今大数据得到广泛应用的商业环境下，如何将这些海量的数据转化为对企业有价值的信息，是一个复杂且重要的挑战。

用户画像技术的出现，为解决这一挑战提供了有效的途径。通过深度挖掘和分析用户数据，企业可以为用户贴上各种标签，如年龄、性别、职业、兴趣、消费习惯等，这些标签共同构成了用户的画像。有了这样的画像，企业就能更深入地了解用户，更精准地把握用户需求，从而为用户提供更加个性化、贴心的服务。

　　用户画像不仅有助于企业提升用户体验，还能帮助企业实现更高效的营销。通过对用户画像的精准分析，企业可以精确地定位目标用户群体，制定针对性的营销策略，将产品或服务信息精准推送给潜在用户。这种精准营销不仅降低了营销成本，还大大提高了营销效果，实现了企业与用户的双赢。

　　在这个数据驱动的时代，用户画像技术正成为企业获取竞争优势的重要工具。未来，随着技术的不断进步和数据的不断积累，用户画像将会越来越精准、越来越丰富，为企业创造更多的商业价值。

二、用户画像的价值

　　用户画像的价值体现在多个维度，为企业的运营与发展提供了强有力的支持。

　　1.用户画像助力精准营销。通过深入分析用户数据，企业能够明确商品的潜在用户群体，并针对性地利用短信、邮件等方式进行营销，大大提高营销效果。

　　2.用户画像有助于用户统计。比如，企业可以了解到微信公众号的月活跃用户数，或是各类音乐软件的下载排行榜，这些数据为企业制定市场策略提供了重要依据。

　　3.用户画像在数据挖掘方面也发挥着重要作用。通过构建智能推荐系统，企业能够发现用户之间的关联规则，如喜欢游泳的女士通常偏好哪些化妆品品牌，从而为用户提供更精准的推荐服务。

　　4.用户画像还可以进行效果评估。通过市场调研和用户调研，企业能够迅速定位服务群体，完善产品运营，不断提升服务质量与水平。

　　5.用户画像还能指导产品研发和优化用户体验。在以用户需求为核心的产品研发中，企业依靠对大量目标用户数据的深入分析、精准处理与巧妙组合，成功构建出用户画像，从而设计出更贴近用户需求的新产品，为用户带来更加卓越的产品体验与服务。

三、用户画像构建流程

　　不同的平台和产品，其用户画像也不相同，但构建的思路却是一样的，如图8.1所示，我们可以通过四个阶段来构建用户画像。

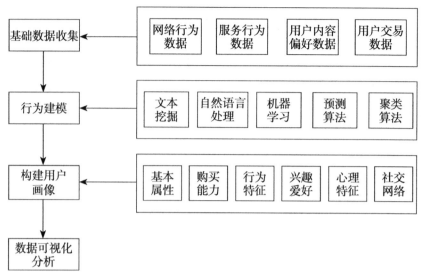

图 8.1　构建用户画像四阶段

1. 基础数据收集

构建用户画像，首要任务便是汇聚丰富的用户数据，以便还原并构建出一个真实而精准的用户数据模型。这些数据主要涵盖四个维度：网络行为数据、服务行为数据、用户内容偏好数据以及用户交易数据。

网络行为数据是了解用户活跃度的关键，包括活跃人数、页面浏览量、访问时长等，它们能够揭示用户的在线习惯和喜好。服务行为数据更加细化，如用户的浏览路径、页面停留时间等，反映了用户在特定服务内的行为模式。用户内容偏好数据，即通过分析用户浏览、收藏、评论的内容，我们可以洞察用户的兴趣所在，进而理解其生活形态和品牌偏好。而用户交易数据则提供了用户消费行为的直接证据，如贡献率、客单价等，有助于我们更全面地了解用户的消费习惯。

值得一提的是，收集到的数据并非绝对准确，存在一定的不确定性。因此，在后续建模过程中，我们需要对数据进行再判断，以确保用户画像的精准度。同时，在储存用户行为数据时，若能同时记录下行为发生的场景，将极大地提升数据分析的效果。

2. 行为建模

行为建模是用户画像构建的关键阶段，它涉及对上一阶段收集到的数据进行深度处理，以提炼出用户的标签。此阶段的核心在于运用数学算法模型，尽可能排除用户的偶然行为，从而揭示大概率事件。在此过程中，机器学习发挥着重要作用，它帮助我们猜测用户的行为和偏好。

在行为建模的过程中，定性与定量相结合的研究方法不可或缺。定性研究关注于揭示事物的本质和特性，形成各种描述性的标签，如产品标签、行为标签和用户标签。而定量研究则侧重于确定对象的数量特征、数量关系和数量变化，为每个标签赋予特定的权重。

标签代表了用户的特征，反映了用户对于特定内容的兴趣、偏好和需求。而权重则是一个量化指标，它代表了用户的兴趣、偏好指数，也可以理解为可信度或概率。通过结合标签和权重，我们可以构建出完整的用户模型，从而更深入地理解用户的行为和偏好。

3. 构建用户画像

构建用户画像是对行为建模阶段的进一步深化，旨在将用户的基本属性、购买能力、行为特征、兴趣爱好、心理特征及社交网络等方面标签化。这些标签不仅有助于我们理解用户的当前状态，还能预测其未来的行为和需求。

当数据被标签化并赋予权重后，我们便可根据用户画像的构建目的来搭建基本模型。然而，需要注意的是，用户画像无法完全描述一个人的全部特征，它只能无限地逼近真实用户。因此，用户画像需要随着基础数据的变化不断修正，同时根据已知数据抽象出新的标签，使画像越来越立体。

在标签化的过程中，我们通常采用多级标签和分类的方式。例如，第一级标签可以是基本信息，包括姓名、性别等；第二级标签则可以是消费习惯、用户行为等。同时，我们也会进行多级分类，如人口属性下又包括基本信息、地理位置等二级分类，而地理位置则进一步细分为工作地址、家庭地址等三级分类。这种方式有助于我们更精细地描述用户特征，从而为后续的精准营销和服务提供有力支持。

4. 数据可视化分析

数据可视化分析是用户画像应用的关键一环。通过对用户数据进行图形化展示，我们能更直观地分析用户群体特征，如细分核心用户、评估潜在价值空间等。这有助于企业作出有针对性的运营决策，实现精准营销和服务优化，从而提升用户满意度和企业效益。

四、用户标签体系

技术层面的用户画像构建虽显乏味，但标签体系的设计却是一个看似简单实则深奥的环节。标签体系，即是将用户划分至多个类别的过程，每个用户可归属多个类别。这些类别的确定及其之间的联系，构成了完整的标签体系。

在用户画像的构建中，标签体系的选择与设计显得尤为重要。不同的标签体系，对应着不同的应用场景和效果追求。其中，结构化标签体系、半结构化标签体系和非结构化标签体系是三种常见的标签体系类型。

1. 结构化标签体系，如同精心修剪的树木，具有明确的层级划分和父子关系。这种体系整洁明了，易于解释，在面向品牌广告主交流时颇具优势。性别、年龄等人口属性标签，就是结构化体系的典型代表。然而，实践中我们发现，即使是面向品牌广告主，非人口属性的受众标签售卖也面临巨大挑战，因为这些标签在本质上往往难以精确监测。

2. 半结构化标签体系则更为灵活多变。在效果广告中，标签设计的灵活性得到了极大的提升，是否规整已不再是关键，效果才是硬道理。这种体系下，用户标签往往呈现出行业间的并列关系，而各行业内的标签设计则更注重实效，不拘泥于形式。当然，如果标签体系过于混乱，投放运营的难度也会相应增加。因此，实践中往往需要在结构化与灵活性之间作出妥协，除非整个投放逻辑完全由机器决策。

3. 非结构化标签体系则更加自由开放。各标签就事论事，各自反映用户的兴趣，彼此之间并无层级关系，也难以组织成规整的树状结构。搜索广告中使用的关键词，以及 Facebook 等社交平台上的用户兴趣词，都是非结构化标签的典型代表。尽管半结构化标签在操作上已颇具挑战，但非结构化的关键词在市场上却能大行其道，这主要得益于搜索广告的市场地位及其成熟的方法论。

对于产品经理而言，设计合理的半结构化标签体系以驱动广告实效，往往是一大难点。要突破这一难点，最关键的诀窍是深入研究某个具体行业的用户决策过程。站在宏观的角度，将用户简单地分到财经、体育、旅游等框架里，虽然容易但意义不大。真正务实的做法，是聚焦当前服务的客户类型，深入了解他们在购买决策中的真实需求和逻辑。

这种深入研究不仅有助于我们更精准地理解用户需求，更能为我们设计更符合行业特性的标签体系提供有力支持。通过这样的标签体系，我们能更准确地刻画用户画像，为广告投放和效果优化提供坚实的数据基础。

综上所述，无论是结构化、半结构化还是非结构化标签体系，都有其适用场景和优势。关键在于根据实际需求，选择最适合的标签体系，并通过深入研究用户决策过程，设计出更精准、更有效的用户标签。

第二节　广告推荐

一、推荐系统

个性化推荐在我们的生活中无处不在。早餐买了几根油条，老板就会顺便问一下需不需要再来一碗豆浆；去买帽子的时候，服务员会推荐围巾。随着互联网的发展，这种线下推荐也逐步被搬到了线上，成为各大网站吸引用户、增加收益的法宝，如图 8.2 所示为豆瓣读书的"猜你喜欢"。

喜欢读"狼道"的人也喜欢······

人为什么活着 7.7　　墨菲定律 6.2　　心法 8.0　　权术论 7.7　　博弈论与生活 7.6

图 8.2　豆瓣读书的"猜你喜欢"

推荐系统的性能优劣，可以通过多个维度来全面评估：

1. 用户满意度：这是推荐系统最为核心的指标。用户对于推荐结果的满意程度，直接决定了系统的实用性和受欢迎程度。用户的满意度不仅来自推荐的准确性，还涉及推荐内容的多样性、新颖性等因素。这一指标往往需要通过问卷调查或监测用户线上行为来收集数据，从而进行客观分析。

2. 覆盖率：覆盖率是衡量推荐系统是否全面、公正的重要标准。一个优秀的推荐系统不应只关注热门物品或文章，而应尽可能覆盖系统中的所有内容。这样，即使是那些过去销量不佳或阅读量小的内容，也能得到推荐的机会，从而增加其被用户发现和喜欢的可能性。

3. 预测准确度：推荐系统需要能够准确预测用户的行为，为用户提供真正符合其兴趣和需求的推荐内容。这一指标通常通过比较推荐列表与用户实际行为的重合率来评估。重合率越高，说明预测准确度越高，推荐系统的性能也就越好。

4. 推荐系统应能处理"冷启动"的问题：在系统运行初期或新用户加入时，

由于数据不足，推荐系统可能难以作出准确的推荐。因此，一个优秀的推荐系统应具备处理冷启动问题的能力，即使在数据有限的情况下，也能为用户提供有价值的推荐。

5. 推荐系统应能避免"过度推荐热门"的问题：如果系统过于倾向于推荐那些已经热门的内容，就会导致新生内容被忽视，从而造成内容生态的失衡。一个性能良好的推荐系统应能够平衡热门与新生内容的推荐，确保用户能够接触到更多元化的信息。

除了常见的评价指标，对于特定类型的推荐系统，我们还需要考虑一些个性化的评估标准。例如，多样性反映了推荐系统是否能够覆盖用户不同的兴趣领域，确保推荐内容丰富多彩。新颖性则衡量了系统对于新颖、独特商品的推荐能力，这对于满足用户探索新事物的需求至关重要。此外，惊喜度也是一个不可忽视的指标，它描述了推荐结果是否能给用户带来意想不到的愉悦感，增加用户的满意度和黏性。

在大型商业推荐系统中，由于数据量巨大，通常需要采用服务器集群和MapReduce技术来处理和分析数据。而对于个人用户或小型项目，可以选择使用成熟的小型开源推荐系统，如SVDFeature、Python-recsys等，这些系统既易于部署又具有良好的性能，能够满足基本的推荐需求。

二、广告点击率及其预估

随着网络技术的发展，网站成为很有效的宣传平台。许多商家（广告主）将自己的产品广告付费发布在流量较大的网站上，供浏览者浏览，以达到宣传的目的。常用的计费方式包括按展示时间计费、按点击次数计费、按行动计费（不仅点击了广告，而且在商家的网站上进行消费等活动）等。

1. 广告点击率

评价一个网络广告推广效果好坏的测量指标是多样的，例如，可以通过广告展示量、广告点击率、广告到达率、广告转化率等指标进行评价。其中，广告点击率（Click-Through-Rate，CTR）是当前最为普遍的评价方式，是反映网络广告推广质量最直接的量化指标。广告点击率的计算公式为：

$$广告点击率（CTR）= \frac{广告的点击次数}{广告的展示次数} \tag{8.1}$$

2. 影响广告点击率的因素

影响广告点击率的因素有很多，大致可以归为如下几类。

（1）广告自身的影响。广告的类型和广告内容对点击率影响十分显著。通过巧妙运用文字、声音、动画、音乐等多媒体元素，网络广告能够创造出独特的吸引力，从而提高点击率。一个富有创意和趣味性的广告，往往能够迅速抓住用户的注意力，引导他们进行点击。

（2）上下文环境的影响。广告在网络中的位置至关重要，它如同舞台上的主角，需要站在合适的位置才能被观众所注意。在同一网站内，首页的广告往往能够吸引更多的目光，因此点击率也相对较高。而在同一网页上，广告的位置同样重要，出现在正文开头和尾部的广告更容易被用户点击。

（3）广告浏览者的影响。每个人的喜好和兴趣都不同，这直接影响了他们对广告的接受程度。例如，对于计算机专业人士来说，他们可能更关注手机、数码产品等广告；而中老年人则可能更关心保健品等广告。因此，在投放广告时，需要充分考虑目标受众的特点和喜好，以确保广告的有效性。

（4）广告的曝光频率。过多的广告曝光可能会导致用户的厌烦情绪，从而降低点击率。因此，在投放广告时，需要合理控制曝光频率，避免给用户带来不必要的困扰。

3. 广告点击率的预估

对展示广告的网站来说，通过精准投放不同广告至不同页面和人群，可以使得广告与网页内容相得益彰，实现广告的"无痕植入"。这样的策略不仅提升了广告的融合度，更在潜移默化中引导浏览者接受广告，进而增加点击的可能性。对商家来说，点击率预测不仅能够预估广告可能带来的经济收益，为商家提供调整广告策略的依据，以便进一步提升收益；而且有助于减少不必要的广告投放，从而节约开支。这样的智能投放策略，使得商家的每一分投入都能得到最大的回报。对浏览者来说，广告的精准投放不仅提高了广告的接受度，减少了因广告内容不匹配而产生的反感情绪，更增加了浏览者点击广告的可能性。这种以用户为中心的广告投放方式，提升了用户体验，也促进了广告与用户的良性互动。

广告点击率预估系统则是实现这一切的关键。当浏览者访问带有广告位的网页时，系统会迅速响应，根据浏览者和网页的特征，通过在线或离线算法，从广告库中选取最合适的广告进行展示。在线算法因其快速更新的特点，能够实时捕捉用户行为的变化；而离线算法则以其稳定性和高命中率，确保广告投放的精准性和有效性。

浏览者访问带有广告位的网页时，网页会向广告点击率预估系统发送请求，并附带浏览者的特征和网页信息。广告点击率预估系统接收到这些特征后，会迅速将其输入至特定的预估模型，以此评估广告点击的可能性。依据这一评估结果，系统会精准地选择最合适的广告位。同时，这个预估系统并非一成不变，它会根据浏览者是否点击广告，不断地对预估模型进行调优。

在广告点击率预估系统的算法层面，我们可以将其划分为在线算法和离线算法两大类别。在线算法的特点是实时性，每当浏览者发出广告请求，系统都会立刻利用这些请求的特征进行学习并更新模型；而离线算法则更倾向于批量处理，它在收集到足够多的请求数据或新广告信息后，会进行集中学习。一般而言，在线算法因其快速响应的特性而备受青睐，而离线算法则以其稳定性和高命中率赢得信任。

广告点击率预估系统发展早期，使用最多的方法是"直接估计法"，其核心思想为：每一个广告被展示后，都有点击和不点击两种可能结果。假设广告被点击的概率是 p，则不被点击的概率是 $1-p$。假设点击率 p 保持恒定，则广告在 n 次展现中被点击的次数 x 服从二项分布：

$$p(x=k)=\binom{n}{k}p^k(1-p)^{n-k}=b(k, n, p)\quad(k=0, 1, \cdots, n)\qquad(8.2)$$

直接估计法有很多不足。首先，为了得到某一个广告的历史点击率数据，此广告必须被尝试性地展示很多次，这很浪费流量；其次，点击率未必恒定不变，在特定的时候，某些特定的广告点击率会猛增或猛降，预估系统不能及时作出相应的调整。

随着机器学习理论和技术的发展，使用机器学习的方法，训练出点击率预估模型来进行点击率预测的技术逐渐成熟并得到广泛应用。使用机器学习的方法进行点击率预估，大致都必须经过"信息离散化→特征提取与选择→训练点击率预估模型→使用预估模型进行预估"的过程。

点击率预估模型有很多，例如，逻辑回归（Logistic Regression，LR）、最大似然估计和基于拟牛顿的迭代计算等。但因为逻辑回归模型 R 拥有结构简单、实现简单、容易迭代、容易并行化、具有很好的可解释性等特点，被广告预估系统广泛使用，其核心思想是使用二元逻辑回归模型最小化负对数似然函数直接拟合"点击"与"不点击"及其相应概率。其中核心如式（8.3）和式（8.4）：

$$P\left(y{=}1|x\right)=\frac{1}{1{+}e{-}\left(\beta\Sigma\beta_i x_i\right)} \tag{8.3}$$

$$\ln\left(\frac{P_1}{P_0}\right)=\beta_0+\Sigma\beta_i x_i \tag{8.4}$$

基于拟牛顿的迭代计算也是一种常用的广告预估方法。此算法同样具有结构简单、运算速度快等特点。

点击率预估模型一般可以使用一段时间内的广告预测系统日志来进行训练。点击率预估模型的好坏可以通过多种方式来进行评估，如离线的 AUC（Area Under roc Curve）、MSE（误差均方）性能指标，线上的 CTR 指标等。

三、基于位置的服务与广告推荐

基于位置的服务（Location Based Services，LBS）利用地理信息技术，将实际地点映射至电子地图，从而为用户提供多样化的空间信息服务。这一服务的核心理念是"4A"原则，即任何时间、任何地点、为任何人、任何事提供实时服务。随着网络技术的飞速进步和智能移动设备的广泛普及，获取位置信息变得愈发便捷。特别是与社交网络的结合，LBS 呈现出前所未有的丰富与多彩。如今，我们只需轻轻一点，手机便能显示当前所在地的天气和交通状况，轻松查找附近的餐饮、娱乐设施以及商家优惠信息。此外，还能实时分享所见所闻，与好友共赏某个特定地点的风情。更值得一提的是，位置信息在社交网络中扮演了重要角色，它不仅是线上与线下的桥梁，更是分析用户行为、构建精准用户画像的关键基石。

1. 基于位置服务的关键技术

基于位置的服务融合了多种关键技术，共同构建起这一便捷的服务体系。首先，定位技术是关键之基，它精准捕捉终端设备的物理位置，为位置服务提供核心数据。其次，电子地图技术将定位信息以直观、形象的方式呈现给用户，使地图从平面走向立体，如 Google Map、高德地图等，它们不仅提供导航，更融入丰富的地点信息。最后，数据分析与数据挖掘技术则是对这些数据进行深度加工，通过挖掘用户的行驶轨迹、消费习惯等，为用户提供个性化的推荐服务，如根据驾驶人的日常行驶路线推荐附近的商店和产品。

2. 基于位置的广告推荐

基于位置的广告（Location-Based Advertising，LBA）推荐系统巧妙结合了定位技术、电子地图、数据分析挖掘及广告推荐等多元技术。与传统广告不同，

LBA 更注重"位置"这一核心要素,根据用户的实时位置,精准推送周边商家与产品,实现广告投放的个性化与高效化。这样的创新不仅提升了用户体验,更实现了线上线下的无缝对接,有效吸引用户从虚拟世界走向实体店面。LBA,以其精准与便捷,正逐步改变着广告行业的格局。

LBA 推荐有两种形式:"主动式"和"被动式"。

主动式广告推荐,也称为"推"式,是广告服务提供商根据用户当前所在位置,主动向用户发送广告信息的方式。这种方式会持续进行,直到用户选择取消广告订阅或将其屏蔽。它的优势在于能够实时捕捉用户的地理位置,从而推送与之紧密相关的广告内容。图 8.3 所示为主动式 LBA 推荐实例。

相比之下,被动式广告推荐,即"拉"式,则依赖于用户主动发起搜索行为。当用户通过关键词搜索时,推荐系统会结合用户的搜索关键词、当前地理位置及其他特征,返回相应的广告推荐结果。这种方式更加注重用户的主动性和个性化需求。图 8.4 所示为被动式 LBA 推荐实例。

尊敬的客户:欢迎您来到北京,如需帮助请拨打客服热线 10010 或登录 WWW.10010.com,优惠订购机票酒店请拨打 116114,中国联通

图 8.3 主动式 LBA 推荐实例 图 8.4 被动式 LBA 推荐实例

由于 LBA 主要依赖于移动智能设备获取用户位置信息,而这些设备通常处于开机状态,因此能够持续追踪用户的移动轨迹,这为深入分析用户习惯、建立精准的用户画像提供了宝贵的数据基础。例如,通过定位和关联规则分析,广告推荐系统可以推断出用户的家庭和工作单位位置,进而预测其收入水平。再结合用户的广告点击历史和搜索关键词记录,系统能够更精确地判断用户的职业特征。基于这些深入的分析,广告推荐系统能够为用户在不同位置推送更加贴切的商品

信息，实现更加精准的广告投放。

　　LBA 服务在提供便利的同时，也引发了隐私保护的担忧。用户位置等敏感信息的处理需格外谨慎。同时，过于频繁的广告推送可能引发用户反感，因此，广告提供商在提升广告质量的同时，还需合理控制发送频率，确保用户体验与广告效果的双赢。

第三节　互联网金融

一、概述

　　互联网金融，这一新型金融业务模式，源于传统金融机构与互联网企业的深度融合。它不仅仅是技术与行业的简单叠加，更是在互联网技术、信息通信技术基础上，用户广泛接受后，为满足新需求而诞生的创新模式。互联网金融，是传统金融与互联网精神的交融，孕育出了一片生机勃勃的新兴领域。

　　在互联网金融的三大核心要素中，平台、数据、金融互为支撑，共同构筑起行业的骨架。随着互联网金融的迅猛发展，这三者之间已形成了紧密互动的格局。在这样的背景下，大数据成为连接平台、用户与金融的关键纽带。谁能巧妙运用大数据，谁就能在数据竞争中占据先机，进而掌握市场的未来走向。因此，大数据不仅是互联网金融破局的关键，更是决定行业发展的核心力量之一。

二、大数据在互联网金融的应用方向

　　金融企业，作为大数据应用的先驱者，早在大数据风潮兴起之前，便已深入探索数据的无限潜力。随着大数据技术的日益成熟和理念的深入人心，金融企业在原有的数据处理能力基础上，进一步融合了内外部信息源，使得客户管理、产品管理、营销管理、系统管理、风险管理以及内部管理优化等多个方面均取得了显著提升。

1. 金融反欺诈与分析

　　互联网经济的蓬勃发展，使得各类终端和渠道时常面临各种攻击挑战。尤其是随着银行逐渐走向互联网化，其在开展各类网络金融创新业务时，更是需要应对层出不穷的欺诈风险。然而，传统的欺诈分析模型往往只能在欺诈行为发生后进行事后检测，对于潜在的欺诈信号识别能力相对有限。

为此，金融企业积极利用大数据技术，通过收集来自多个维度的数据源信息，构建起了精准且全面的反欺诈信息库和用户行为画像。借助大数据分析技术和机器学习算法，这些企业能够深入分析并预测欺诈行为的路径，有效识别欺诈触发机制。同时，与业务部门紧密合作，协助银行构建完善的欺诈信息库，提供反欺诈运营支持。通过这些举措，金融企业能够提前预测欺诈行为的发生，准确揭示欺诈路径，从而大幅减少因欺诈行为给银行带来的损失。这一系列创新应用不仅提升了金融企业的风险防控能力，也为整个金融行业的稳健发展注入了新的活力。

2. 构建更全面的信用评价体系

如何进行风险控制一直是金融行业的核心重点，也是金融企业的核心竞争力之一，而完善的信用评价体系不仅可以帮助金融企业有效降低信贷审批成本，而且能有效地控制信贷风险。构建这样的信用评价体系，绝非简单的贷款标准所能胜任。它需要我们融合外部交易信息，深入各个行业，用行业的标尺去衡量每一位客户的信用状况。在这一过程中，大数据技术发挥着不可或缺的作用。

首先，大数据技术能够帮助我们整合企业传统数据库中的丰富客户信息，包括财务数据和金融交易记录。同时，它还能从社交媒体、互联网金融平台等渠道抓取客户的信用数据，共同构建出一个全面、立体的客户信用数据平台。其次，通过大数据技术，我们可以将金融企业的专业信用模型与互联网上的进货、销售、支付清算、物流等交易数据相结合，对客户的还款能力和还款意愿进行深度分析。再结合行业标准，还原客户的真实经营情况，进而对海量的客户信用数据进行精准分析，建立起科学、完善的信用评价模型。最后，大数据技术的分布式计算部署能力，使得信用模型的计算更为快速高效，能够迅速响应客户的贷款需求，实现小微企业小额贷款和信用产品的批量发放，大大提高了金融服务的效率和便捷性。

3. 高频交易和算法交易

交易者们利用先进的硬件设备和复杂的交易程序，迅速捕捉市场动态，进行快速买卖操作。这种交易模式的核心在于短时间内完成大量交易，且通常不会持有大量的未对冲头寸过夜，以降低市场风险。当前，高频交易更侧重于"战略顺序交易"，即通过对金融大数据的深度分析，识别特定市场参与者的交易模式与足迹，从而制定出更为精准的交易策略。

4.产品和服务的舆情分析

与此同时，随着互联网的广泛普及，金融企业不仅将业务扩展到线上，而且客户们也倾向于通过网络渠道发声。这导致金融企业的负面舆情在网络平台上迅速传播，对金融业乃至整个经济体系构成潜在风险。因此，金融机构必须借助先进的舆情采集与分析技术，运用大数据爬虫抓取社交渠道与金融产品及服务相关的信息。通过自然语言处理技术和数据挖掘算法，金融机构可以对这些信息进行分词、聚类、特征提取、关联分析和情感分析，从而深入了解市场关注度、客户评价的正负性以及各类业务的用户口碑。

特别重要的是，对负面舆情的及时追踪与预警机制能够帮助企业迅速发现并应对潜在危机。此外，金融机构还可以通过关注同行业竞争对手的正负面信息，作为业务优化的参考，避免错失商机。通过这种方式，金融企业可以更好地把握市场动态，优化自身业务，提升竞争力。

三、客户风险控制

传统金融在风险控制方面，主要依赖于央行的征信数据与银行体系内的生态数据，这些工作往往需要人工逐一审核。然而，在我国征信服务尚不完善的情况下，互联网金融的风险控制显然需要寻找新的路径。此时，大数据的崛起为互联网金融带来了革命性的机遇。大数据，特别是那些来自互联网的数据，如 BAT——中国互联网公司三巨头：百度公司 (Baidu)、阿里巴巴集团 (Alibaba)、腾讯公司 (Tencent)，其首字母缩写为 BAT——等巨头所积累的海量用户信息，为风险预测提供了前所未有的可能性。这些数据不仅丰富多样，而且覆盖面广，能够更全面地揭示借款人的信用状况。通过深入挖掘这些大数据，我们可以更准确地预测小额贷款的风险，从而为金融决策提供有力支持。

机器学习作为大数据时代的核心技术，正成为互联网金融企业构建自动化风控系统的关键工具。在企业数据应用的场景中，监督学习和无监督学习等模型发挥着重要作用。以信用评估为例，这些模型能够处理并分析从互联网收集的各种数据，包括用户的网上消费行为、通信记录、信用卡使用情况以及第三方征信数据等，从而全面评估借款人的信用状况。

除了贷前的信用审核，互联网金融企业还可以利用机器学习对借款人的还贷能力进行实时监控。通过实时分析借款人的各种数据，企业可以及时发现潜在风险，对可能无法按时还贷的借款人进行事前干预，有效减少坏账损失。

第九章　↘ 大数据在其他行业的应用

第一节　医疗大数据

　　医疗大数据是指在医疗领域所产生的海量数据。通过深入的分析技术，能够迅速归纳并解析医疗行业的各种情况。这种分析不仅有助于我们更精准地挖掘医疗细分领域中有价值的信息，还为医学研究和临床实践提供了不可或缺的助力。

　　大数据技术在医疗领域的运用，不仅能够实现对信息的快速收集、归纳和分析，更能精准地挖掘出有价值的信息内容，从而充分展现数据的价值。对于医学研究而言，医疗大数据的重要性不言而喻。它可以帮助研究人员更深入地了解疾病的本质，为疾病的预防和控制提供有力的支持。对于患者而言，医疗大数据的分析能够辅助医生更准确地诊断病因，进而降低医疗检查和治疗费用，为患者带来实实在在的利益。此外，大数据分析技术还能为药物的研发和临床护理提供重要的帮助，推动现代医学的研究和发展。更重要的是，通过对全民健康大数据的深入挖掘，我们可以实现对民众健康状况的实时监测，快速识别出高危病症风险的患者，这对于疾病的预防和控制具有深远的影响。因此，医疗大数据无疑将成为未来医疗行业发展的关键所在，它将引领医疗行业进入一个全新的时代，为人们的健康福祉贡献更大的力量。

一、临床决策与诊断方面的应用

　　尽管现代医学已利用电子计算机断层扫描等先进设备，但疾病诊断在很大程度上仍依赖医生的经验。然而，经验的局限性使得误诊、漏诊现象难以避免。据统计，我国临床医疗总误诊率曾高达 27.8%，这不仅加剧了医患矛盾，也给患者带来了沉重的身心负担。面对这一挑战，大数据技术的应用为医疗领域带来了全新的解决思路。通过对海量的医疗数据进行深入处理和分析，大数据能够将医生的经验与客观数据有效结合，使临床决策更加精准。这种数据驱动的决策方式不仅能够减少误诊率，提高治疗效率，更能为患者带来更好的治疗效果。

二、医疗资源管理方面的应用

医疗资源管理是医疗信息化体系中的关键环节，它涉及医疗机构、医疗人员、药品器械以及各类医疗设备等众多资源的协调与管理。然而，传统的资源管理方式往往受限于人工经验和有限的规划能力，难以应对日益增长的医疗数据量和多样化的医疗需求。在这个背景下，大数据技术的崛起为医疗资源管理带来了革命性的变革。大数据通过高效地运用采集、存储、清洗、分析和挖掘技术，能够实现对医疗数据的全面洞察，从而为资源管理提供更为精准和科学的支持。

以我国健康医疗大数据平台为例，这一国家级重点项目致力于推动全国医疗数据的共享与应用。该平台将来自各方的医疗数据进行整合，为政府决策、医疗机构运营、医生诊疗以及患者自我健康管理提供了有力的数据支撑。特别是在医疗资源管理方面，平台通过对就诊数据、病历数据、医疗费用数据等的深入分析，为医疗资源的优化配置和高效利用提供了有力依据。当某一地区突发疾病疫情时，健康医疗大数据平台能够迅速分析出患者数量和分布趋势，为医疗机构提供及时的预警和调度建议。医生、床位、药品等关键资源得以快速而准确地调配，确保患者能够在第一时间得到有效的医疗服务。这一平台的成功应用，不仅提升了医疗服务的效率和质量，更为全国医疗信息化和医疗资源管理的进步提供了宝贵的经验和启示。

三、医疗决策支持方面的应用

医疗决策支持，是以大数据技术为核心，对海量的医疗数据进行深度分析和挖掘，旨在为医生提供科学的决策支持和参考依据。它的目标是协助医生制定更为精准的治疗方案，优化医疗决策，同时为医疗机构指明发展方向，进而提升医疗服务的质量和效率。在医疗决策支持的过程中，大数据技术的应用至关重要。通过对数据的采集、存储、清洗、分析和挖掘，我们能够更全面地掌握医疗状况，更准确地分析患者病情，从而为医生和医疗机构提供更为精准和科学的决策支持。

以2020年中国医学装备协会对放疗人员及设备的调研为例，大数据技术的应用为"十四五"期间放疗设备的合理配置提供了有力的决策依据。通过调研数据的分析，我们发现二级医院放疗设备的利用率相对较低。这一发现为医疗相关管理部门提供了重要的参考，推动其加强基层放疗中心的建设，提升放疗中心资源的辐射作用，从而进一步提高区域的医疗水平。可以说，医疗决策支持在提升医疗服务质量、优化医疗资源配置等方面发挥着不可替代的作用，而大数据技术的应用则是实现这一目标的关键所在。

四、疾病预测与预防方面的应用

在医疗信息化的众多应用场景中，疾病预测与预防无疑占据着举足轻重的地位。大数据技术正是这一领域中的得力助手，它能够为疾病的预测和预防提供坚实的科学依据。通过深度挖掘病历数据、就诊记录、医保信息以及环境数据等多维度信息，大数据技术能够精准地分析疾病的发病规律和趋势。这种分析能力使我们能够提前洞察疾病的苗头，从而迅速采取有效的预防和控制措施，最大程度上降低疾病的发病率和死亡率。

以新冠疫情为例，大数据技术的应用在这场全球抗疫行动中发挥了至关重要的作用。在疫情暴发初期，我国便利用大数据技术迅速分析了病毒的传播特点和路径，为政府决策提供了有力支持。通过整合医院、社区和居民等多方数据，相关部门成功制定了一系列有效的疫情防控措施，包括隔离、流调和溯源等。同时，大数据技术还预测了疫情的发展趋势，为医疗机构和政府部门的决策提供了重要参考。这些实践充分展示了大数据技术在疾病预测与预防中的巨大潜力，也为未来应对类似挑战提供了宝贵经验。

五、药品研发方面的应用

对于制药公司而言，新药的研发和推广往往耗费巨大，这使得一些小众疾病的药物治疗面临挑战。然而，大数据的崛起为这一难题带来了曙光。在药品研发阶段，大数据技术的应用显著降低了研发成本，缩短了研发时间。通过对海量数据进行建模与分析，制药公司能够精准预测药物的临床效果，为临床试验提供有利参考，进而优化实验流程，减少不必要的临床试验，大大节省了研发成本。进入药品推广阶段，大数据同样发挥了关键作用。制药公司可以依托大数据分析，更精准地定位目标患者群体，并制定有效的市场推广策略，从而加速成本回收。

更重要的是，大数据的精准分析有助于制药公司生产出治疗成功率更高的药品，这不仅满足了小众疾病患者的需求，也为制药公司带来了更大的市场竞争力。可以说，大数据的应用为制药行业注入了新的活力，让小众疾病的药物治疗成为可能，也为制药公司的未来发展开辟了新的道路。

六、健康监测和健康管理方面的应用

随着互联网与移动科技的飞速发展，智能可穿戴设备已成为我们日常生活的一部分。索尼SWR12智能手环，作为其中的佼佼者，不仅具备震动提醒、睡眠监测、步数计算等功能，更能实时监测心率，并在异常时发出警告，为佩戴者提供全方位的健康守护。

展望未来，这些智能设备将更趋完善。它们能够汇集个人医疗健康数据，为我们精准评估健康状态。一旦发现潜在患病风险，便会作出迅速而准确的反应，提醒我们及时关注身体状况。更为便利的是，通过互联网，我们可以将设备收集的健康数据传送至医院，让医护工作者在线了解我们的身体状况，从而为我们量身定制最有效的治疗方案。可以说，智能可穿戴设备将成为我们健康管理的重要工具，为我们提供更加便捷、高效的医疗服务。

七、个性化医疗方面的应用

个性化医疗，作为现代医疗的新趋势，正借助大数据技术的力量，为患者带来更为精准、个性化的医疗服务。通过深度挖掘和分析患者的病历数据、基因序列及影像资料，个性化医疗得以更准确地诊断疾病，并制定个性化的治疗方案。这一转变不仅提升了治疗效果，还增强了患者的满意度，从而优化了整体医疗服务的效率与质量。

值得一提的是，大数据技术还在患者康复及生活方式管理中发挥着关键作用。患者可以通过院方搭建的健康管理平台，轻松上传个人的生理指标、日常习惯等信息。平台则运用大数据技术对这些数据进行深度分析，为患者量身打造康复计划和生活管理策略。随着数据的不断积累与分析，平台能够持续优化这些方案，确保患者获得最佳的康复效果，提升生活质量。可以说，个性化医疗与大数据技术的结合，为医疗服务注入了新的活力，让患者真正受益。

第二节 地震大数据

在移动互联网与物联网的浪潮推动下，微机电传感器（Micro-Electro Mechanical System，MEMS）技术与互联网智能技术逐步融合，在这一过程中，地震观测设备经历了由精密到简易、由笨重到灵巧、由高昂到经济、由稀少到广泛的转变。这一变革精准地满足了地震预警和烈度速报的需求，催生了密集的地震观测网络，更将地震行业推向了大数据时代的风口浪尖。大数据技术的应用，为地震观测和预警带来了前所未有的机遇与挑战。

一、密集地震观测网方面的应用

密集地震观测网的发展完全遵循了大数据产生的规律。从传统的精密地震仪到简单的 MEMS 烈度计，从昂贵的设备到廉价的 MEMS 设备，从高精度仪器到智能化的设备，再从稀疏的台站布局到密集的观测网，这一系列的变化不仅使地震观测的数据量实现了从小到大的飞跃，更将地震观测带入了大数据时代。密集地震观测网的出现，标志着地震观测技术的重大突破。其密集布点能够捕获到大量中小地震的精细数据，这些数据在反演地下动态结构方面发挥了关键作用。以成都地震观测网为例，短短一年内便能收集到 2.5 级以上地震数据高达 500 多次。这些数据的每一次应用，都像是绘制出一幅动态的"地下云图"，使我们能够实时、动态地监视地下结构的变化。

地震预测研究的核心在于深入探索地震发生的机理，而动态监视地下变化是实现这一目标的关键。密集地震观测网所生成的大数据，为动态探测"地下云图"提供了前所未有的可能。相较于传统的稀疏地震台网，其产出的小数据根本无法达到这样的效果。更为神奇的是，若在密集地震台网覆盖区域，结合使用中小天然地震源与可控震源，地下动态云图的绘制将更加精准，为地震预测研究提供更为丰富、深入的地下动态变化大数据。

二、探寻地震前兆方面的应用

探索地震前兆，一直是地震预测领域的重要战略方向。然而，受限于台站间的较大间距，我们在时间和空间上的采样点常显不足，这使得大地震与前兆观测之间的联系往往难以捉摸，给地震前兆观测带来了不小的挑战。

回望历史，20世纪七八十年代，群测群防的方式利用了许多简易的"土"仪器，成功发现了众多前兆现象与大地震之间的关联。如今，随着现代高新技术和互联网的迅猛发展，我们有了更多新型传感器和信息技术的支持，这为地震前兆观测提供了前所未有的机遇。

密集地震观测网不仅限于地震本身的观测，更应拓展为"密集地震前兆网"。想象一下，如果我们将地温计、气体探测器、地磁仪、应力应变仪等设备密集布设，那么地震前兆观测的空间和时间采样点将大大增加。尽管这些设备的精度可能不如高端仪器，但它们能够产出的数据量将是巨大的。这样的巨量数据将引领地震前兆观测进入大数据时代，为我们探寻前兆观测与地下变化及地震之间的关联提供新的可能。这或许是高技术时代的"群测群防"——"互联网＋地震"，它将推动地震科学走向新的创新高峰。

三、地震应急救援方面的应用

在"互联网＋地震"的时代背景下，大数据在地震应急救援中扮演着至关重要的角色。互联网大数据的兴起，为我们提供了更为精准、快速的地震相关信息，为救援工作提供了强大的数据支撑。"中国地震台网速报"和"中国国际救援队"两大微博平台，汇聚了千万级粉丝，其影响力足以覆盖数亿人。这些平台不仅实时发布地震信息，更通过大数据分析，揭示了地震与各行各业的深层关联，以及社会在地震时的真实状态。这种大数据的应用，不仅提升了我们对地震的认知，更在应急救援中发挥了不可替代的作用。

以尼泊尔地震为例，互联网大数据在应急救援中发挥了巨大作用。地震发生后，专业队伍和志愿者迅速从海量数据中提取出关于尼泊尔地震地区的人口、经济、破坏程度、道路状况等关键信息。这些信息为救援队伍提供了宝贵的决策依据，使他们能够更加精准、高效地展开救援行动。此外，移动互联网微信平台也为地震应急救援提供了新的模式。通过微信聊天群，地震现场、救援队、后方指挥部以及所有参与应急的人员得以紧密相连。在这个平台上，文字、照片、图表、视频、语音等多媒体信息都可以快速传递和共享，大大提高了救援工作的效率和准确性。

互联网大数据已经成为地震应急救援中不可或缺的一部分。它以其独特的优势，为救援工作提供了强大的数据支撑和决策依据，使我们在面对自然灾害时能够更加从容、高效地进行应对。

四、IoT 大数据的地震应用

IoT，作为移动互联网的重要发展成果，正在引领我们进入一个全新的数字化时代。其核心在于由大量传感器构建的传感器网络，这些传感器无处不在，它们遍布于各种物体之中，从而实现了万物互联的壮丽景象。而 IoT 的另一个基石——可穿戴设备，其发展更是日新月异，它通过将各种传感器集成于可穿戴设备中，与智能处理器结合，形成智能终端，为我们提供了前所未有的数据收集和处理能力。这些传感器能够实时捕捉温度、振动、位置、气压、磁场、压力、气体、声音、电磁辐射等众多信息。由于它们价格亲民且易于部署，人们可以根据需要轻松布置，从而构建一个庞大而精细的数据收集网络。这个网络不仅连接了设备与人，更连接了程序与数据，为我们打开了一扇通往新世界的大门。

而 IoT 大数据在地震学中的应用，更是为我们带来了前所未有的机遇。以 2014 年美国旧金山纳帕地震为例，消费电子公司 Jawbone 通过其 UP 手环收集了大量用户的睡眠数据。地震发生时，手环记录下的数据清晰地显示，震中附近的居民绝大多数都被地震惊醒。这种数据不仅揭示了地震对人们生活的直接影响，更为我们提供了一种全新的地震监测手段。

IoT 的各种传感器大数据，实际上为我们提供了一个窥探地球物理、化学、生物变化的窗口。通过对这些大数据的深入探索与挖掘，我们有望发现与地震现象的关联，进而推动地震学的新发现。这种跨学科、跨领域的合作与交流，将为地震学带来更为广阔的发展前景。

第三节　环境大数据

随着社会经济迅猛前进，环境保护问题日益凸显，环境污染已成为全社会亟待解决的难题。在这样的背景下，大数据建设则为我们提供了新的解决路径。环境大数据，是将大数据的理念与技术深度融入环境领域，对海量环境数据进行全面采集、整合、存储与分析。通过先进的算法模型，我们能够深入剖析这些数据，并以直观的可视化方式展现分析结果，为环境质量评估、规划提供有力支撑。这不仅是科技发展的产物，更是改善生态环境、建设生态文明的重要手段。

当前，我国大数据建设正在稳步推进，环境监测大数据也得以快速发展。根据《生态环境监测网络建设方案》的指导，我们利用大数据实现监测与监管的紧密联动，使环境监管更加精准高效。数据决策和综合决策的科学化水平得以提升，精准数据服务也在不断优化社会公共服务。同时，《环保法》的颁布实施，对环境数据的公开透明提出了更高要求。我们致力于让公众更多地参与到环境治理中，以实际行动为公众服务，共同守护我们美丽的家园。大数据与环境保护的深度融合，正为打造美丽中国注入新的活力。

一、水污染方面的应用

大数据技术在水质监测领域发挥着至关重要的作用。通过对不同地区的水质进行监测，我们能够获取到大量的相关数据。这些数据与正常水体数据进行比对，为污染水体的调查分析提供了便捷的途径。进一步地，建立模型对污染物的含量和组分进行数据分析，能够更深入地了解污染状况。在数据分析的基础上，对水体各项指标的实时监控变得更为精准。这种监控方式有助于我们及时发现水质问题，并采取有效的控制措施，确保水质达到标准。同时，利用大数据对地下水进行监测，不仅能够丰富监测功能，还可以设置指标对异常数据进行监测。一旦发现异常数据，系统能够迅速报警，并生成详细的信息报告，为管理者提供有力的决策支持。在地表水质分析方面，大数据技术能够从数理统计的角度出发，对历史水质监测数据进行深入分析。通过计算特定时间段内某一断面的水质监测因子变化，以及监测数据的月平均值或年平均值的变化，我们能够更全面地了解地表水体的质量状况。这一过程涉及海量历史数据的处理，需要借助大数据处理的相关技术来确保数据分析的高效性和准确性。通过及时反馈分析结果，我们能够更好地保障地表水体的安全。

二、大气污染方面的应用

大气污染问题日益严重，大数据技术在此领域的应用显得尤为重要。通过深度关联环境大数据与大气污染相关指标，我们能对空气质量形成更为清晰、全面的认知，为监测工作提供有力支撑。传统的大气数据监测平台功能有限，主要聚焦于实时监测、历史数据查询及统计排名，缺乏对海量空气质量数据的深入挖掘，导致数据价值未能充分释放。鉴于传统操作模式存在的问题，技术创新势在必行。通过数据共享，我们能提升环境数据使用效率，实现数据的合理存储与修复，减少安全隐患和污染问题。这一过程不仅有助于数据整改，更能为我们提供更准确、全面的大气污染状况分析，为制定有效的治理措施提供科学依据。

三、生态修复方面的应用

应用大数据技术，我们可以深入收集和分析来自森林、沙漠、草原等不同地域、不同时段的数据，从而建立起一个全面的生态系统数据库。基于这一数据库，我们能够制定出精准的生态系统恢复方案，并通过数据模拟来预测恢复过程，最大程度地降低生态恢复的风险。同时，借助 3S、无人机等先进技术，我们可以对受损地区进行实时、实地监测，确保数据的准确性和时效性。通过大数据技术对这些数据进行运算分析，我们能够找出影响生态系统自我修复的关键因素，并据此优化修复方案。将修复方案输入大数据分析系统后，我们可以模拟修复后的生态系统状况，在线分析方案的可行性，为决策者提供科学依据。这样，我们就能建立起以改善生态环境为核心的治理体系，推动生态修复产业的健康发展，实现人与自然的和谐共生。

四、空气质量预测方面的应用

在空气质量监测与预报的流程中，收集的数据涵盖了空气质量、污染源以及气象等多方面的信息，它们的汇集不仅有助于我们全面了解空气受污染的情况，更能够为我们日后的治理工作提供有力的支持。

对于大气污染这一棘手问题，精准掌握大气中各种污染物质的成分及其运动规律显得尤为重要。大数据技术的应用，使得我们能够更为精确地获取这些关键信息，为天气预报提供准确的数据支撑。更为重要的是，通过大数据的分析和研究，我们能够预测未来几天的环境污染情况。这种预测能力使我们能够提前采取措施，对可能出现的环境污染问题进行有效预防，从而最大限度地减轻污染带来的后果。

在环境污染治理方面，大数据的应用不仅能够帮助我们合理处理污染问题，还能够通过数据分析找到污染的源头，实现源头控制。此外，借助信息技术，我们可以加强环保知识的宣传，提升公众的环保意识，集中社会力量共同应对环境问题。这不仅能够改善我们的社会环境，还能够为未来的生态环境建设奠定坚实的基础。

五、生态退化完善当中的应用

近年来，生态退化现象日益显著，其相关问题迅速蔓延，给森林、土地和水资源带来了严重影响。森林与土地的退化不仅威胁着生物多样性，水资源的退化更是直接关系到民众生活。生态系统是一个复杂且相互关联的循环体系，其退化并非一蹴而就，而是多种因素长期累积、相互作用的结果。在应对这一挑战时，我们不仅需要生态学和环境学的知识，还需融入生物学、地质学等多学科视角。

大数据技术为我们提供了有力的工具。通过传感、无线通信等技术，我们可以获取多领域的综合信息，对生态退化的成因进行系统化分析。建立生态模型后，我们可以深入挖掘数据背后的规律，更好地理解生态退化与生态修复的过程。此外，利用决策树、分布式数据库等技术，我们可以分析数据间的关联性，从中发现更有价值的信息。这些方法不仅有助于我们认识生态退化的本质，还能为制定有效的生态修复策略提供科学依据。

第四节　警务大数据

数字经济和信息化浪潮汹涌而至，新型治安、刑事案件及突发性公共安全事件频发，对警务工作提出严峻挑战。进入"十四五"时期，我国警务工作面临的环境发生深刻变革，大数据技术的崛起成为警务创新的关键力量。因此，借助大数据技术为智慧警务赋能，深化警务信息化改革，已成为顺应时代潮流、提升警务效能的必由之路。我们必须紧抓机遇，全面推进警务工作的信息化进程。

一、禁毒情报工作方面的应用

鉴于禁毒工作的独特性和贩毒案件的隐秘性，获取贩毒情报一直都是打击、防范毒品犯罪的关键。随着毒贩反侦查意识的提高，以及毒品交易的网络化趋势，依赖传统的人力情报收集越来越难以为继。为了更好地打击毒品犯罪，公安机关突破传统的禁毒情报分析方法，利用大数据构建新型、高效的禁毒智能分析平台，进行毒品犯罪轨迹分析，以达到对毒品案件的智能研判和预警。从大数据中获取精准的毒品犯罪情报，更加全面、详细地掌握涉毒人员的具体信息，与人脸识别技术相结合，制定出有针对性的打击、预防毒品犯罪的策略，从而实现在公共场所对嫌疑人的精准识别侦控。

目前全国性的禁毒网络信息平台主要有：全国易制毒化学品管理信息系统、公安部禁毒情报研判系统、全国禁毒基础工作综合信息系统、全国易制毒化学品电子证核查平台、全国毒品样品收集系统、全国禁毒堵源截流信息指挥系统、全国禁毒信息管理系统（公安部库）、公安部毒品目标案件管理分析系统、国家禁种铲毒信息管理系统等。这些平台共同构成了我国禁毒工作的信息化网络，为打击毒品犯罪提供了强有力的信息和技术支持。

二、侦查合成作战方面的应用

近年来，由于公安工作信息化、网络化的快速发展，侦查合成作战被拔高到一个新层次。依靠以前建立的在逃人员信息系统来开展侦查合成作战已经无法满足线索查询的需求。因此，运用大数据开展侦查合成作战也是时代的选择。

大数据技术应用为各地公安机关打破交流障碍提供了技术支持，利用大数据技术可以快速整合、存储、分类、提取警务数据，基本解决了信息"断层"问题。同时，大数据技术应用为分管领导提供了合成作战思路，为侦查方式的有机联动提供了保障，办案民警可以通过建立的警务大数据库直接调取与案件有关的视频、音频等信息，提高了办案效率、精简了办案过程，使办案模式不再单一。此外，大数据技术应用为建立新时代的跨区域警务合作开辟了新思路，新型的警务合成作战利用了大数据技术的优势，进行不同地区的警务情报交流、智能分析和研判，快速锁定目标，提高办案效率。

如 2020 年 2 月 23 日，南京市公安局破获的"1992 年 3 月 24 日原南京医学院女生林某被害案"。该案件存在着较大的地区跨度和时间跨度。在侦查作战中，南京警方将最新的大数据技术（Y 库家系工匠系统）与警务交流平台相结合，与江苏沛县警方开展了合成作战，精准锁定了犯罪嫌疑人麻某，最终破获了时隔 28 年的重大积案。这一案件的成功侦破，不仅为警务大数据的发展指明了方向，也为今后更好地运用大数据技术开展侦查合成作战提供了宝贵的经验。

三、公共安全管理方面的应用

我国在公共安全管理领域一直采用以"块"为主的管理方式，即将管理权力分散在各个部门，导致缺少一个专职部门对突发公共安全事件进行专业的管理。由于各职能部门交流不及时，常常导致对突发事件的反应和处理滞后的问题。

2019 年底，新冠疫情突如其来。应急管理部门利用"互联网＋大数据"，借助各大互联网平台建立"疫情分布动态查询平台""迁移大数据平台"等应用程序。以最快的速度应对突发事件，让市民及时了解疫情发展动态，有效控制了疫情扩散。如今，利用大数据技术协助管理特种行业已经是公安机关进行风险管控的有力手段。

四、社区治安管理方面的应用

社区的治安管理一直以来都是基层社区民警面临的一大难题。随着我国经济的高速发展，普通社区的人口密度越来越大、人口情况也更加复杂，部分社区存在大量外来流动人口。在这样的社会背景下，传统的社区治安管理模式已逐步被淘汰，各地的公安机关正不断探索一种更加高效、更加便捷的社区治安管理模式。将大数据技术应用到社区治安综合管理中，不仅能够有效提高社区治安管控效率、积极预防犯罪，还能优化基层警力资源调配，提高社区治安治理和案件办理效率，推进社区治安管理建设的现代化和智能化，可以很好地解决传统管理模式面临的几大难题。

第一，预防社区危险品治安管理。从以往的恐怖袭击案件中可以发现，暴恐分子通常将购买的恐怖袭击武器藏匿在家中。在大数据时代，任何行为都会留下印记，这就是"电子指纹"。公安机关只要与社会信息系统交换数据，就能捕捉到购买信息、行程路线等，再对情报进行整合和研判，就能有效预防此类案件的发生，保障社区安全。

第二，破解社区物流管理难题。物流是商品经济发展的产物，从网购到物流的整个链条涵盖大量客户隐私信息，这些信息容易被犯罪分子利用。因此，通过大数据技术建立物流信息库，在跟踪、搜集、挖掘相关犯罪人员信息时更为容易。

第三，提高社区服务办理效率。基于大数据技术建立的社会治安综合信息系统和公安大数据中心，开展网上办公，有效提高了社区服务的办理效率，真正做到了让群众"只跑一次"。以四川省西昌市为例，该市推进的政府机构"放管服"改革就充分利用了大数据技术，相关部门基于大数据交流平台开展合作办理，确保申请人只需要到窗口一次即可完成全部的申请手续，真正落实了"只跑一次"制度。这一制度的成功实施为未来进一步依靠大数据技术的社区治安综合管理提供了有效的思路和经验。

五、重要安保工作方面的应用

人口基础信息大排查是各种大型安保活动中必不可少的工作。海量的人口数据为筛选相关信息带来了困难。合理利用大数据技术进行筛选、分析、研判，较传统方法有不少优势：一是能有力打击暴恐犯罪，处置涉稳事件。二是能够快速解决城市遗留问题，如老城区地址争议和城中村地址混乱等问题。三是推广网络平台惠民办理业务，更好为"便民利警"的安保理念服务。

为保障 2017 年 9 月在福建厦门的金砖国家领导人第九次会晤的顺利召开，厦门市公安局和厦门社会管理综合治理委员会办公室早在 2016 年 12 月就开展了以"平安来敲门，隐患大排查"为主题的基础信息大排查工作。此项工作为会晤顺利召开提供了基础数据支撑。同时，大数据的使用为及时发现、消除安全隐患，提供便民利民服务和打造平安厦门提供了安全保障。

六、出入境管理方面的应用

近年来，不少城市新增了出入境办证点，各类出入境业务趋于烦琐化、分散化。将大数据技术与互联网有机结合，可使传统的出入境管理工作焕发新的活力。

例如，贵阳公安出入境管理相关部门推出的"贵阳公安出入境警务云"App 将全国人口信息数据、贵州省出入境照相采集数据、邮政快递数据、出入境指纹采集数据以及现场人像采集数据等大数据进行整合。群众只需下载该"警务云"手机软件，即可实现出入境业务数据采集，以及办理出入境证件等业务，经过出入境部门后台审批、制证后，采用邮政快递的方式将证件寄送到群众手中，实现了足不出户的出入境互联网移动办证功能。贵州公安的成功案例可为其他地区的出入境管理部门利用大数据和互联网技术优化出入境管理工作提供参考。

参考文献 ↘

［1］阿尔温·托夫勒.第三次浪潮［M］.上海：上海三联书店，1984.

［2］艾伯特·拉斯洛·巴拉巴西.爆发：大数据时代预见未来的新思维：经典版［M］.马慧，译.北京：北京联合出版公司，2017.

［3］蔡文璇，汪琼.2012：MOOC 元年［J］.中国教育网络，2013（4）：16–18.

［4］程学旗，靳小龙，杨婧，等.大数据技术进展与发展趋势［J］.科技导报，2016，34（14）：49–59.

［5］邓攀，蓝培源.政务大数据：赋能政府的精细化运营与社会治理［M］.北京：中信出版集团，2020.

［6］董明，罗少甫.大数据基础与应用［M］.北京：北京邮电大学出版社，2018.

［7］杜婧敏，方海光.教育大数据研究综述[J].中国教育信息化，2016(19)：1–4.

［8］杜鹏.大数据技术在环境保护中的应用及影响因素分析［J］.产业科技创新，2023，5（1）：90–92.

［9］高山.大数据在水环境监测与管理的应用[C].中国环境科学学会 2021年科学技术年会论文集，2210–2212.

［10］郭晓科.大数据［M］.北京：清华大学出版社，2013.

［11］郝江勃.大数据在自然保护地中应用的探讨［J］.资源节约与环保，2021（10）：33–35.

［12］黄俊桦.大数据技术在生态环境保护中的应用价值［J］.资源节约与环保，2021（8）：126–127.

［13］黄南霞.大数据环境下的网络协同创新平台及其应用研究［J］.现代

情报，2013（10）：75-79.

　　［14］胡沛，韩璞.大数据技术及应用探究［M］.成都：电子科技大学出版社，2018.

　　［15］Jared Dean.数据挖掘与机器学习：工业4.0时代重塑商业价值［M］.林清怡，译.北京：人民邮电出版社，2015.

　　［16］蒋文兵.浅析互联网、大数据、人工智能与实体经济深度融合策略［J］.价值工程，2020，39（7）：72-74.

　　［17］Jiawei Han，Micheling Kamber，Jian Pei，等.数据挖掘概念与技术（原书第3版）［M］.范明，孟小峰，译.北京：机械工业出版社，2012.

　　［18］吉姆·格雷著.第四范式：数据密集型科学发现［M］.潘教峰，张晓林，译.北京：科学出版社，2012.

　　［19］李博，董亮.互联网金融的模式与发展［J］.中国金融，2013(10)：19-21.

　　［20］李泊溪.大数据与生产力［J］.经济研究参考，2014（10）：14-20.

　　［21］李剑波，李小华.大数据挖掘技术与应用［M］.延吉：延边大学出版社，2018.

　　［22］李纪元.MOOC背后的理念［J］.中国教育网络，2013（4）：39-41.

　　［23］凌之晞.大数据技术在医疗信息化中的应用研究［J］.互联网周刊，2023（5）：28-30.

　　［24］林子雨.大数据技术原理与应用：概念、存储、处理、分析与应用［M］.北京：人民邮电出版社，2015.

　　［25］刘鹏.大数据［M］.北京：电子工业出版社，2017.

　　［26］刘鹏，王超.计算广告：互联网商业变现的市场与技术［M］.北京：人民邮电出版社，2015.

　　［27］刘荣辉.大数据架构技术与实例分析［M］.长春：东北师范大学出版社，2018.

　　［28］刘晓洋.思维与技术：大数据支持下的政府流程再造［J］.新疆师范大学学报，2016（2）：118-125.

　　［29］李一琳，黄长智.大数据技术应用在我国警务工作中的现状及发展［J］.业务论坛，2025（5）：21-26.

　　［30］吕云翔.大数据基础及应用［M］.北京：清华大学出版社，2017.

［31］麦肯锡全球研究院.分析的时代：在大数据的世界竞争［R］.2016.

［32］马谦伟，赵鑫，郭世龙.大数据技术与应用研究［M］.长春：吉林摄影出版社，2021.

［33］梅宏.大数据发展现状与未来趋势［J］.交通运输研究，2019，5（5）：1–11.

［34］聂广礼，纪啸天.互联网信贷模式研究及商业银行应对建议［J］.农村金融研究，2015（2）：18–23.

［35］聂芊冰.人工智能背景下的大数据技术及其应用分析［J］.科技传播，2020，12（2）：150–151.

［36］牛温佳，刘吉强，石川，等.用户网络行为画像大数据中的用户网络行为画像分析与内容推荐应用［M］.北京：电子工业出版社，2016.

［37］任庚坡，楼振飞.能源大数据技术与应用［M］.上海：上海科学技术出版社，2018.

［38］任廷会.用户对SNS广告的态度及其影响因素研究［M］.重庆：西南师范大学出版社，2014.

［39］邵凯敏.大数据技术在医疗行业的应用浅谈［J］.信息技术与应用，2023（1）：39–41.

［40］孙爱婷，张海平.大数据技术在医疗领域应用的发展前景［J］.中国管理信息化，2017（10）：193–195.

［41］王左利.MOOC：一场教育的风暴要来了吗［J］.中国教育网络，2013（4）：12–14.

［42］维克托·迈尔·舍恩伯格，肯尼思·库克耶.大数据时代［M］.盛杨燕，周涛，译.杭州：浙江人民出版社，2013.

［43］吴之辉，丁红军，尚欣.警务大数据的应用与建设［J］.天津法学，2017（1）：102–106.

［44］武装.大数据时代的网络舆情分析［M］.北京：北京理工大学出版社，2018.

［45］许云峰.大数据技术及行业应用［M］.北京：北京邮电大学出版社，2016.

［46］涂子沛.大数据：正在到来的数据革命以及它如何改变政府、商业与

我们的生活［M］.2 版.桂林：广西师范大学出版社，2013.

［47］徐宗本，冯芷艳.大数据驱动的管理与决策前沿课题［J］.管理世界，2014（11）：158-163.

［48］杨现民，唐斯斯.教育大数据的技术体系框架与发展趋势［J］.现代教育技术，2016（1）：5-12.

［49］杨万方.警务大数据应用的问题与对策研究［J］.公共行政，2018（4）：67-72.

［50］勇戴华，杨传民，陈芳.大数据灾害预测与警情流转机制［J］.图书与情报，2015（2）：72-76.

［51］俞东进，孙笑笑，王东京.大数据：基础、技术与应用［M］.北京：科学出版社，2022.

［52］余丰慧.金融科技：大数据、区块链和人工智能的应用与未来［M］.杭州：浙江大学出版社，2018.

［53］张军，姚飞.大数据时代的国家创新系统构建问题研究［J］.科技创新导报，2014（12）：13-15.

［54］张鹏涛，周瑜，李姗姗.大数据技术应用研究［M］.成都：电子科技大学出版社，2020.

［55］张兆瑞."智慧警务"：大数据时代的警务模式［J］.公安研究，2014（6）：19-26.

［56］郑毅.证析［M］.北京：华夏出版社，2012.

［57］赵巧丽，徐越群，谷红梅.大数据技术在环境保护中的应用及影响因素分析［J］.石家庄铁路职业技术学院学报，2022，21（2）：58-60，79.

［58］周茂清.互联网金融的特点、兴起原因及其风险应对［J］.当代经济管理，2014，36（10）：69-72.

［59］周志华.机器学习［M］.北京：清华大学出版社，2016.

［60］朱志军，余从国，闫蕾.大数据：大价值、大机遇、大变革［M］.北京：电子工业出版社，2012.

［61］https://www.sohu.com/a/207384241_610696

［62］https://mp.ofweek.com/bigdata/a445673729446

［63］http://wechat.vsharing.com/weixin/view/portalart.aspx?id=655409

后 记 ↘

尊敬的读者朋友：

在《大数据技术与应用研究》一书的撰写过程中，我们一同深入探讨了大数据的内涵、技术架构、应用场景及其对社会各领域的影响。本书不仅是对当前大数据技术与应用的一次全面梳理，更是对未来数据驱动时代的一次深刻展望。在撰写过程中，我们深刻体会到大数据技术的蓬勃发展及其对社会各领域的深远影响，这既是对我们传统认知的挑战，也是推动社会进步的重要力量。

回顾本书的撰写历程，从第一章的绪论到第九章对大数据在多个行业应用的探讨，每一章都凝聚了我们对大数据技术的深入理解和思考。我们试图通过清晰的逻辑框架、丰富的案例分析和前沿的技术探讨，为读者呈现一个既全面又深入的大数据世界。在这个过程中，我们既感受到了技术进步的喜悦，也意识到了伴随而来的挑战与责任。

大数据技术的兴起与应用，无疑是当今社会发展的重要驱动力之一。它不仅在科技领域引起了巨大的变革，更在深层次上改变了人们的生活方式和思维习惯。在大数据时代，数据已成为新的生产要素，其价值正被不断挖掘和释放。然而，数据的采集、存储、处理、分析及应用过程中，也面临着诸多挑战，如数据安全、隐私保护、伦理道德等问题。因此，在推动大数据技术应用的同时，我们必须始终坚守合规性、安全性和伦理道德的底线，确保技术发展的健康与可持续。

本书不仅关注大数据技术的理论探讨，更注重其实践应用。我们希望通过具体案例的分析，帮助读者更好地理解大数据技术在不同行业中的应用价值，从而激发创新思维，探索新的商业模式和治理模式。同时，我们也希望读者能够认识到，大数据技术的应用并非一蹴而就，而是需要企业、政府、学术界等多方共同努力，构建良好的生态系统，推动大数据技术的广泛应用和深入发展。

展望未来，大数据技术的发展前景无限广阔。随着技术的不断进步和应用场景的不断拓展，大数据将在更多领域发挥重要作用，推动社会经济的全面转型升级。我们期待与广大读者一起，共同见证和参与这一伟大的历史进程，为构建更加智慧、高效、安全、和谐的社会贡献我们的智慧和力量。

在此，我要特别感谢那些为本书贡献智慧与经验的同事、研究人员以及行业专家们，是你们的共同努力使得这本书得以面世。同样，也要向我的家人、朋友以及学生们表示诚挚的感谢，是你们的理解、支持和鼓励，让我能够全身心地投入这项工作中。

最后，再次感谢所有参与本书编写和出版工作的同人们，以及一直以来支持我们的读者朋友们。愿我们携手前行，在探索大数据技术与应用的道路上不断进步，为我国的社会发展和科技创新贡献力量。

孙媛　李博　章帆